経済学のための
線形代数

平口良司
[著]

朝倉書店

まえがき

本書の目的は経済学に必要な線形代数の概念を基本から説明することである。線形代数学とは，線形空間という空間を対象にした代数理論のことである。このまえがきでは，線形代数について読者の皆さんにイメージを持ってもらうことを目標として本書の内容を説明する。代数学とは大ざっぱにいえば方程式を分析する分野である。中学校では，2次方程式に実数解が存在するには方程式の判別式が正でないといけないと学んだが，この結果は最も基本的な代数学の定理の1つといえる。これまで私たちが勉強してきた方程式に現れる未知数 x は主に1次元の数を示すものであった。しかし現実経済を1つの数だけで表現することは不可能といえる。人間の健康状態を図るのに，心拍数や体温など複数の指標が必要なのと同様に，1つの国の経済状況を把握するには，国内総生産 (GDP) や，株価，為替など，様々な指標を見なくてはならない。未知数の範囲が1次元では分析に限界がある。

線形代数とは，平面，あるいは空間上の「点」に関する方程式を扱う分野といえる。数に関する方程式に四則演算の規則が必要なのと同様，点に関する方程式を分析するには，点同士の演算を定義する必要がある。線形代数では，点の位置を示す座標の数値を並べたものを**ベクトル**とよぶ。線形代数の主役は，このベクトル，そしてベクトルを並べてできる**行列**とよばれる数の表である。こういった数の表は経済学においてもよく取り扱われる。

例として，2007年から2014年までのGDPと消費総額の推移を示した下の表を見てみよう（出典：内閣府国民経済計算ウェブサイト）。この表は，GDPと消費を縦に並べたものを，時間について横方向に並べたものである。経済の

表　過去8年間のGDPと消費の推移（単位：兆円）

年度	2007	2008	2009	2010	2011	2012	2013	2014
GDP	513	490	474	480	473	474	482	490
消費	295	288	284	285	287	288	296	293

状況を分析するには，こういった複数の経済指標同士の関係を知ることが必要となる。ここで GDP と消費との関係を探るには，表にある 16 個の数字が鍵となるが，これらの数字を勝手に 1 列の数列に並び替えてしまったら両者の関係が失われる。この表を分析するためには，数字の縦横の並びを変えてはならない。本書では上のような数字の集まりを行列としてとらえ，それらをあたかも 1 つの数字であるかのように計算する方法を学ぶ。

　本書の執筆に当たり私が重視したことは 2 つある。1 つ目は線形代数の基礎的な概念を具体例を用いて解説することであり，2 つ目は線形代数の経済学への様々な応用の仕方についてていねいに説明することである。まず 1 点目について，線形代数はその学問の性質上，扱う未知数の数が多く，議論が抽象的になりがちである。本書では数値例を多く用いて，線形代数の面白さを実感してほしいと考えている。

　2 点目については，すでに経済数学の教科書が多く出版されている。しかし著者の調べた限りでは，そういった教科書における線形代数の経済学への応用は，産業連関分析や最小二乗法など，ごく限られた範囲に限られていることが多い。実際，線形代数の考え方は，ミクロ経済学における効用最大化の条件式の導出，マクロ経済モデルの安定性など，幅広い範囲で用いられている。本書においては，線形代数が経済理論の理解に役立つということについても丁寧に説明を行った。

　本書は，文科系の大学 1, 2 年生を読者として想定している。高校で数学科目を多く履修しなかった読者も多いであろう。しかし線形代数の良いところは，（少なくとも本書が扱う範囲において）前提知識がほぼすべて高校 1 年生までで学ぶ数学のみである点である。線形代数では連立方程式の構造を学ぶことが目的の 1 つである。中学で学ぶ連立方程式は，未知数が最大 2 種類しかなかったが，線形代数においてはその数が増え事態がやや複雑になる。しかし，その理解に必要なのは新しい概念ではなく，「2 番目の式を何倍化して最初の式と加え，未知数 x を消去する」といった，慣れ親しんだ作業の繰り返しである。大学数学は高校数学より難しいという先入観がもしあればそれを捨てて学習してほしい。

　本書を用いて線形代数を学ぶにあたり，読者の皆さんに心がけてほしいこと

は，文中の数式を読むだけではなく，自分の手で計算して確認するということである．先述したように，線形代数における定理は，未知数の個数が一般的な n 個の場合を取り扱うため，記述の仕方が抽象的であることが少なくない．そういった定理を理解するには，未知数が 2 個，3 個と少ない場合の具体例を自力で計算して，定理のメッセージを知ることが必要となる．こういったことを繰り返すことで，より一般的な場合の説明も理解できるようになるであろう．

具体例を用いて定理を理解する意味を因数分解を用いて説明する．中学では，2 次式 $x^2 + ax + b$ があるとき，足して a, かけて b となるような 2 つの数 p, q を見つけられれば式を $(x+p)(x+q)$ と因数分解できることを学ぶ．しかしこの文章のみを読み因数分解を完全にわかる中学生は稀であろう．a, b に数字を入れた式，たとえば $x^2 + 3x + 2$ を使い，足して 3, かけて 2 となるような 2 つの数字 $(1, 2)$ を探し，上式が $(x+2)(x+1)$ となることを確認し，はじめて因数分解とは何かわかるのが通常である．本書も計算例や練習問題を設けているので，積極的に計算してほしい．同時に，経済モデルの事例も用意したので，線形代数が経済学と密接につながっていることも学んでほしい（章末問題の答は朝倉書店ウェブサイトの本書のサポートサイトで公開する）．

本書の構成は以下のとおりである．まず第 1 章では線形代数の学習に最低限必要な数学の知識を復習する．第 2 章でベクトルの基礎を学ぶ．第 3 章ではベクトルを図形的にとらえる手法を示す．第 4 章では行列の基礎を学ぶ．第 5 章では行列式の概念を説明する．第 6 章では行列の世界における逆数といえる逆行列を導く．第 7 章では連立方程式を行列を用いて表現して解く方法を学ぶ．第 8 章では連立方程式の解の構造を明らかにする．第 9 章では行列の累乗を計算するのに必要となる固有値と固有ベクトルについて学ぶ．第 10 章では，経済学で頻繁に用いられる行列である対称行列について説明する．そして第 11 章で線形代数を用いて最適化問題を解く手法について説明する（付録で線形空間を導入する）．なお発展と書かれた項目はとばしても本書全体の理解に問題ない．

最後に，本書の出版にあたり，細部にわたり原稿を読み，そして貴重なコメントを下さった朝倉書店編集部にこの場を借りてお礼を申し上げる．

2017 年 2 月

平口良司

目　　次

第1章　**数学的準備** ——————————————————— 1
 1.1　集合の表記　1
 1.2　論理と命題　1
 1.3　数列とその和　2
 1.4　数学的帰納法　3
 1.5　背　理　法　4
 1.6　指数の計算　5
 1.7　三　角　比　6
 1.8　微分（発展）　7

第2章　**ベ ク ト ル** ——————————————————— 13
 2.1　ベクトルの定義　13
 2.2　演 算 規 則　14
 2.3　ゼロベクトルと単位ベクトル　18
 2.4　線形独立性　20

第3章　**ベクトルの図形的解釈** ——————————————— 23
 3.1　有向線分としてのベクトル　23
 3.2　ベクトルの演算の意味　25
 3.3　内積の意味　26
 3.4　内分点のベクトル表示　28
 3.5　直線のベクトル表記　29
 3.6　3次元ベクトルの意味（発展）　31
 経済学への応用1　価格ベクトルと予算制約式　32
 経済学への応用2　物価指数　34

第4章　**行　　列** ——————————————————— 37
 4.1　行列の定義　37

4.2 基本的な演算規則　40
4.3 行列同士の積　41
4.4 転置行列　46
4.5 直交行列　47
4.6 基本変形　48
4.7 1次変換　50

第5章　行 列 式 ——————————————— 56
5.1 行列式の定義　56
5.2 転置および基本変形と行列式　58
5.3 転倒数（発展）　60

第6章　逆 行 列 ——————————————— 67
6.1 行列式の展開　67
6.2 余因子行列　69
6.3 逆行列の公式　70
6.4 逆行列による連立方程式の解法　72
経済学への応用3　産業連関表　76

第7章　基本変形による連立方程式の解法 ——————— 81
7.1 拡大係数行列の基本変形　81
7.2 方程式の解法　83
7.3 基本変形による逆行列の求め方　85

第8章　連立方程式の一般的分析 ——————————— 88
8.1 階段行列　88
8.2 連立方程式の一般解　96

第9章　固有値と固有ベクトル ——————————— 102
9.1 複 素 数　102
9.2 固有値と固有方程式　104
9.3 固有ベクトルの線形独立性（発展）　106

9.4 対角化　108
9.5 ケーリー・ハミルトンの定理（発展）　110
9.6 連立漸化式　112
経済学への応用 4　動学モデルの分析　114

第10章　対称行列 ──────────── 117
10.1 複素内積　117
10.2 対称行列の固有値　118
10.3 2次形式　120
10.4 非正定値　121
経済学への応用 5　主成分分析　122

第11章　最適化問題への応用 ──────────── 127
11.1 最大化問題の基礎　127
11.2 最小2乗法　132
11.3 条件付き最大化問題　134

付録　線形空間 ──────────── 138
A.1 線形空間の定義　138
A.2 基底と次元　141
A.3 部分空間　143
A.4 線形写像　144
A.5 次元定理　146
A.6 階数と次元　147
A.7 正規直交基底　148

まとめ　151
あとがき　155
索引　157

第 1 章

数学的準備

本章では，線形代数の理解に必要な数学的予備知識について簡単に説明する。そのほとんどが高校でもすでに学んでいることであるが，総和を示す Σ（シグマ）の記号の使い方などにおいて高校数学との間に若干違いがあるため，詳しめに説明する。

1.1 集合の表記

集合とは，数などの「要素」の集まりのことである。要素 s が集合 S に含まれる場合，記号 $\in$ を用いて $s \in S$ と表す。また，要素 t が集合 S に含まれない場合，$t \notin S$ と書く。集合 S の要素のすべて，あるいは一部分から構成される集合を S の**部分集合**とよぶ。本書では，要素がまったくない場合も，要素が 0 個ある集合と考え，**空集合**とよぶ。

要素の数が無限にあり要素をすべて書き下せない集合もある。たとえば 1 以上の実数からなる集合 T には要素が無限個ある。このような場合は，T を $T = \{x \mid 1 \leq x\}$ と表記する。かっこ $\{\}$ の中の縦棒 $\mid$ の右側に集合の要素が満たす条件を書く。本書では，実数全体の集合を $\mathbb{R}$ と表記する。

例 1.1 2 以上 8 以下の偶数からなる集合 S は $S = \{2, 4, 6, 8\}$ と書け，$6 \in S$ かつ $7 \notin S$ である。集合 S は $\mathbb{R}$ の部分集合である。

1.2 論理と命題

数学に関する文章のことを，それが正しいか否かは別として，**命題**とよぶ。

今，ある命題 A が成立するとき命題 B が必ず成立するとする。このとき，命題 A は命題 B の**十分条件**であるとよぶ。この場合，命題 A がたとえ成立していなくても命題 B が成立することがある。一方，命題 B は命題 A の**必要条件**であるとよぶ。必要というのは，命題 B が誤っているのに命題 A が正しいことはありえないからである。一般的に，2 つの命題 A と B があり，命題 A が命題 B の必要条件でもあり十分条件でもある場合，つまり A ならば B でありかつ B ならば A である場合，両命題は**同値**であるという。同値となるような 2 つの命題の数学的意味は完全に一緒になる。

例 1.2 自然数 N が偶数であるという命題 A と，N の下 1 桁が 0, 2, 4, 6, 8 のいずれかであるという命題 B は同値である。一方 N が 4 の倍数であるという命題 C と命題 B は同値でない。22 など，1 桁目が 2 だが 4 で割れない数があり，命題 B が成立しても命題 C は成立しない。

2 つの命題 A, B があるとき，「A ならば B である」という命題 X に対し，「B でなければ A でない」という命題 Y をもとの命題 X の**対偶**とよぶ。もし対偶 Y が証明できたなら，もとの命題 X も正しい。なぜなら，もし命題 X が誤りで A なのに B でないならば，Y が正しいことより「B でないなら A でない」ため，その結果 A なのに A でなくなり矛盾するからである。命題を証明する際，その対偶を証明したほうが簡単な場合がある。

例 1.3 自然数 n について，n^2 が偶数なら n が偶数であるという命題を考える。その対偶は，n が奇数なら n^2 が奇数となるということであるが，奇数と奇数の積は奇数のままなので命題は正しい。

1.3 数列とその和

数が $\{2, 4, 6, 8\}$ のように列状に並んだものを**数列**とよぶ。数列の左から k 番目の数を第 k 項とよぶ。項の数が n で，第 k 項の値が a_k に等しいような数

列を $\{a_k\}_{k=1}^n$ と表記する。この数列を第 m 項から第 n 項まで加える際の和は，和を示す $\sum$（シグマと読む）の記号を用いて $\sum_{k=m}^n a_k$ と表現できる。

本書では，加える項の番号を集合で表記することがある。項の番号が，ある集合 S に含まれるもののみを足す場合，$\sum_{k \in S} a_k$ のように表現する。なお，集合 S に番号が含まれないような項のみの和は，$\sum_{k \notin S} a_k$ と表記する。

また，2つの数列 $\{a_k\}_{k=1}^n$，$\{b_k\}_{k=1}^n$ が与えられた際，$\sum_{i>j} a_i b_j$ は，$i > j$ となるようなすべての組 (i, j) について積 $a_i b_j$ の値を加えたものとなる。たとえば $n = 3$ なら $\sum_{i>j} a_i b_j = a_2 b_1 + a_3 b_1 + a_3 b_2$ となる。

例 1.4 第 k 項が $a_k = 2^k$ で与えられる，項数 5 の数列 $\{a_k\}_{k=1}^5$ を考える。集合 $S = \{2, 4\}$ に対し，$\sum_{k \in S} a_k = a_2 + a_4 = 2^2 + 2^4 = 20$ となる。一方，$\sum_{k \notin S} a_k = a_1 + a_3 + a_5 = 41$ である。

数列の一部分から構成される数列を元の数列の**部分数列**とよぶ。項数 n の数列 $\{a_k\}_{k=1}^n$ の中から r 個 $(r \leqq n)$ の数字を選んでできる部分数列を考え，この数列の項の番号を並べてできる数列を $\{q_i\}_{i=1}^r$ ただし $q_1 < q_2 < ... < q_r$ と表す。このとき，部分数列を $\{a_{q_i}\}_{i=1}^r$ と表現することができその第 k 項は a_{q_k} である。

例 1.5 数列 $\{a_k\}_{k=1}^{20}$ のうち，項の番号が 6 の倍数のものからなる部分数列は，数列 $\{q_1, q_2, q_3\} = \{6, 12, 18\}$ を用いて $\{a_{q_i}\}_{i=1}^3$ と表現できる。

1.4 数学的帰納法

自然数 n を用いて表現された命題がある数字以上，たとえば 1 以上のすべての n について正しいことを示す際に有用な手法が**数学的帰納法**である。数学的帰納法とは，具体的には以下のステップを踏むことである。

ステップ 1 最小の数字，たとえば $n = 1$ で命題が正しいことを示す。

ステップ2 n がある数字 i に等しいとき命題が正しいと仮定した際,n が $i+1$ に等しいときも命題が正しくなることを示す。

この2種類のステップを証明できた場合,どんな n でも命題は成立する。ここでは命題が成立する最小の数字を1とする。たとえば,ステップ2において $i=1$ とすることで,命題がもし $n=1$ で成立するなら,その命題は $n=2$ でも正しい。しかしステップ1より $n=1$ のときに実際命題が成立する。よって $n=2$ でも命題が成立する。続いてステップ2で $i=2$ とすることで,命題が $n=2$ で正しいなら $n=3$ でも成立する。しかし $n=2$ での命題の成立はすでに証明されているのでたしかに $n=3$ でも命題が成立する。同様にして任意の自然数 n で命題の成立を示すことができる。

例として計 n 項の等差数列 $\{1,2,...,n\}$ の和に関する次の等式

$$\sum_{k=1}^{n} k = \frac{1}{2}n(n+1) \quad (n=1,2,...)$$

を証明する。まず,$n=1$ のとき,式の左辺の値は $\sum_{k=1}^{1} k = 1$ であり,右辺の値も $\frac{1}{2} \cdot 1 \cdot 2 = 1$ であるから式は正しい。次に n がある自然数 i に等しいときに上の式が成立する,つまり $\sum_{k=1}^{i} k = \frac{1}{2}i(i+1)$ が成立すると仮定する。ここでこの式の両辺に $i+1$ を加えてできる等式を考える。今,$i+1$ を新たに j とおくと,等式の左辺は $\sum_{k=1}^{i} k + (i+1) = \sum_{k=1}^{j} k$,右辺は $\frac{1}{2}i(i+1)+(i+1) = \frac{1}{2}j(j+1)$ となる。この2つの値が等しいので,上の式は $n=j\,(=i+1)$ のときも成立する。よってすべての n について等式が成立する。

1.5 背理法

ある命題 A が正しいときに,この命題 A が正しくないと仮定して矛盾を導く証明法を**背理法**とよぶ。この方法を用いて,$\sqrt{3}=1.72...$ が無理数であるという命題を示す。今この命題が正しくない,つまり $\sqrt{3}$ が有理数であるとすると,ある自然数 M, N を用いて $\sqrt{3}$ を分数 $\frac{M}{N}$ と表現できる。よって $3 = \frac{M^2}{N^2}$ つまり $3N^2 = M^2$ が成立する。ここで M と N を素因数分解することで,こ

れら 2 つの数を, 3 で割り切れない自然数 m, n および 0 以上の整数 a, b を用いて, $M = 3^a m$ そして $N = 3^b n$ と表現できる. この表現を式 $3N^2 = M^2$ に代入して 3 の累乗について整理すると

$$3^{2b+1} n^2 = 3^{2a} m^2$$

となる. ここで, n^2 および m^2 は 0 より大きな自然数であり, かつ仮定より 3 で割れない. したがって式の左辺は 3 で最大 $2b + 1$ 回, つまり奇数回割ることができる. 一方, 右辺は 3 で最大 $2a$ 回, つまり偶数回割ることができるが, このようなことは等式としてありえない. つまり前提, この場合 $\sqrt{3}$ が無理数でないとする前提が間違っていたことになる. よって $\sqrt{3}$ は無理数となる.

1.6 指数の計算

指数とは, 数 x の a 乗を x^a と書いたときの上付き文字 a のことであるが, この指数には以下の性質 (**指数法則**) がある (a, b は実数で x は正の実数).

$$x^{a+b} = x^a x^b$$
$$(x^a)^b = x^{ab}$$

本書では (-1) の累乗を考えることが多い. -1 の偶数乗は $+1$ であり, -1 の奇数乗は -1 となる. 整数 n について, $(-1)^{2n} = (-1)^n (-1)^n = 1$ であるから, $1/(-1)^n = (-1)^n$ となる. つまり $(-1)^n$ をかけることと $(-1)^n$ で割ることは同じとなる. また $(-1)^2 = 1$ であるから, $(-1)^{n-1} = (-1)^{n+1}$ となる.

例 1.6 指数法則の式 $x^{a+b} = x^a x^b$ において, $a = 0, b = 2, x = 5$ とおくと $5^2 = 5^{0+2} = 5^0 \times 5^2$ となり, 両辺を 5^2 で割ると $5^0 = 1$ を得る. 一般的に任意の実数 x について, $x^0 = 1$ となる. また, 上の式に $b = -a$ を代入すると $x^{a-a} = x^a x^{-a}$ となる. $x^{a-a} = x^0 = 1$ であるから, x^{-a} は x^a の逆数となる. たとえば $10^{-3} = 1/10^3 = 0.001$ となる.

上式より, $\left(x^{\frac{1}{n}}\right)^n = x^{\frac{1}{n} \cdot n} = x$ を得る. つまり $x^{\frac{1}{n}}$ は「n 乗したら x になる」

数である。ここで n は 0 以外の実数である。たとえば $x^{\frac{1}{2}}$ は x の平方根 $\sqrt{x}$ に等しい。

1.7 三 角 比

図 1.1 のように，xy 平面上に，原点 O を中心とした半径 1 の円を描き，弧の部分を π とする。弧 π の上の，座標が $(1,0)$ である点を A とする。そして弧 π 上で $\angle AOP = \theta$ $(0 \leq \theta \leq 360°)$ となるような点 P としたとき，その x 座標を $\cos\theta$, y 座標を $\sin\theta$ とよぶ。$\sin\theta$, $\cos\theta$ とは角度を長さで置き換えるものといえる。三平方の定理より $\sin^2\theta + \cos^2\theta = 1$ となる。たとえば $\cos 0° = 1$, $\cos 90° = 0$ そして $\cos 180° = -1$ となる。角度 θ が 90° 以上 270° 以下のとき，$\cos\theta$ は 0 または負となるが，定義よりすべての θ について $-1 \leq \cos\theta \leq 1$ が成立する。三角形と辺の長さには**余弦定理**とよばれる以下の関係がある。

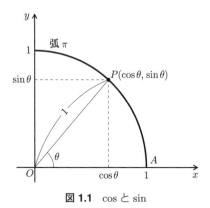

図 1.1 cos と sin

定理 1.1 △ABC があり，$\angle BAC = \theta$ のとき，$BC^2 = AB^2 + AC^2 - 2AB \cdot AC \cos\theta$ が成立する。

証明 図 1.2 において C から AB におろした垂線の足を H とする。三平方の

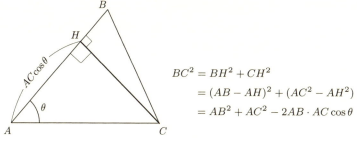

図 1.2 余弦定理の証明

定理より，$CH^2 = AC^2 - AH^2$ かつ $BC^2 = BH^2 + CH^2$ となる。ここで $BH = AB - AH$ だから，$BC^2 = AC^2 + (AB - AH)^2 - AH^2$ となる。図より $AH = AC\cos\theta$ であるから代入することで題意は示される。■

例 1.7 三角形 ABC があり，$\angle BAC = 60°$，$AB = 3, AC = 2$ とする。余弦定理を適用すると，$BC^2 = 3^2 + 2^2 - 2\cdot 3\cdot 2\cdot\cos\theta$ となるが，$\cos 60° = 1/2$ であるので，$BC = \sqrt{7}$ となる。

1.8 微分（発展）

本書では線形代数の理解自体に微分の知識は不要である。しかし経済学でよく用いる多変数関数などを分析する際，微分と線形代数の知識がともにあると理解しやすい。本書においては，第9章の経済動学モデルの安定化の分析と，第11章の最適化問題の分析においてのみ微分の知識を用いる。

1.8.1 極限と微分

まず極限について説明する。例として 0.1 の n 乗 0.1^n を考える。$0.1^2 = 0.01$ そして $0.1^5 = 0.00001$ となることからもわかるように，n の値が大きいと 0.1^n の値はゼロに限りなく近くなる。このような場合，無限大を示す記号 ∞ を用いて，n が ∞ に向かったときの 0.1^n の**極限値**が 0 であるといい，極限（limits）を示す記号 lim を用いて $\lim_{n\to\infty} 0.1^n = 0$ と表現する。

極限を計算するのは，無限大のケースのみではない．例として変数 x の関数 $f(x) = \frac{\sqrt{x+1}-1}{x}$ を考える．なおここで x を「変数」とよぶのは x が値を変えるからである．1次関数を $f(x) = ax + b$ など表すことがあるが，ここでアルファベット a と b が値を変えない「定数」であることが仮定されている．関数 $f(x)$ は，x をゼロに近づけるとその値が限りなく 0.5 に近づくという性質を持つ（$x = 0.01$ のとき $f(x) = 0.498...$ そして $x = 0.0001$ のとき $f(x) = 0.4999...$ となる）．しかし $x = 0$ のとき f の分母 $\sqrt{x+1} - 1$ も分子 x も 0 となり $f(0)$ の値を計算できない．この場合，x が 0 に近づいたときの $f(x)$ の極限値が 0.5 であるとよび，$\lim_{x \to 0} f(x) = 0.5$ と表現する．一般的に，x が a に近づいたときの $f(x)$ の極限値を $\lim_{x \to a} f(x)$ と表す．

関数 $f(x)$ を x で**微分**するとは，以下のような極限値を求めることである．
$$\lim_{h \to 0} \frac{f(x+h) - f(x)}{h}$$
この値を関数 $f(x)$ の x における**微分係数**または**導関数**とよび，$f'(x)$ と表記する．

関数を微分するということは，その関数の接線の傾きを求めることと同じである．図 1.3 において，点 $A(x, f(x))$ と点 $H(x+h, f(x+h))$ を通る直線 L の傾きは $\{f(x+h) - f(x)\}/h$ に等しい．直線 L は，h の値が 0 に近づき，H が A に接近するにつれ，点 A における関数 $f(x)$ の接線 L^* に近づく．一方，微分係数の定義より，L の傾きは h が 0 に近づくと $f'(x)$ に等しくなる．つまり接線の傾きは微分係数に等しい．

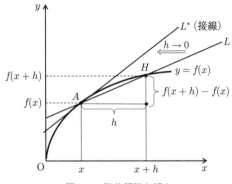

図 **1.3** 微分係数と傾き

1.8 微分（発展）

例 1.8 2次関数 $f(x) = x^2$ に対して，$f(x+h) = (x+h)^2$ であり

$$\lim_{h \to 0} \frac{(x+h)^2 - (x)^2}{h} = \lim_{h \to 0} \frac{2hx + h^2}{h} = \lim_{h \to 0} (2x + h) = 2x$$

であるから，$f(x)$ の微分係数 $f'(x)$ は $2x$ となる。よって関数 $y = x^2$ の $x = 3$ での傾きは $f'(3) = 2 \cdot 3 = 6$ となる。

微分係数は，$(x^a)' = ax^{a-1}$，$(af(x))' = af'(x)$ および $\{af(x) + bg(x)\}' = af'(x) + bg'(x)$ の性質をみたす。ここで f, g は関数で a, b は定数である。

微分の公式より，数 a が 0 に近いならば，$\{f(x+a) - f(x)\}/a$ と $f'(x)$ は近似的に等しくなる。つまり x の値が a 増えたときの f の変化量 $\Delta f = f(x+a) - f(x)$ の値は $af'(x)$ にほぼ等しくなる。なおここで Δ（デルタ）は関数の変化を示す記号である。

例 1.9 $(\sqrt{x})' = \frac{1}{2\sqrt{x}}$ であるから，関数 $y = \sqrt{x}$ の $x = 4$ における傾きは $1/2\sqrt{4} = 1/4$ である。よって $\sqrt{4.02} - \sqrt{4}$ の値は近似的に $0.02 \cdot \frac{1}{4} = 0.005$ に等しい。

関数 $f(x)$ の微分係数がつねに $f'(x) \geq 0$ を満たすとき，言いかえると接線の傾きがつねに 0 以上のとき f は**単調増加関数**となり，$x < X$ なら $f(x) \leq f(X)$ となる。同様に f がもしつねに $f'(x) \leq 0$ を満たすとき f は**単調減少関数**である（証明は省略する）。

例 1.10 2次関数 $f(x) = 4x + x^3$ は $f'(x) = 4 + 3x^2 > 0$ をみたし単調増加関数である。

関数 $f(x) = 2x - x^2$ を例にとると，$f'(x) = -2(x-1)$ となる。つまり $x > 1$ なら $f'(x) < 0$，そして $x < 1$ なら $f'(x) > 0$ でありかつ $f'(1) = 0$ である。したがって $x > 1$ なら単調減少関数で $x < 1$ なら単調増加関数となっている。つまり微分係数が 0 の点 $x = 1$ で f は最大となることがわかる。表 1.1 は以上の結果を表にまとめたものである。経済学で扱う関数は，このように微分係数が 0 になる点（**極値**）で最大化あるいは最小化されていることが多い。こういっ

表 1.1 関数の増減表

x		1	
$f'(x)$	+	0	−
$f(x)$	↗	→	↘

た関数の持つ性質についてはのちに詳しく説明する。

1.8.2 偏微分

本節では2つの変数 x, y に依存した2変数関数 $f(x, y)$ の微分係数を求める方法を学ぶ。今，2つの変数 x, y のうち y の値がたとえば2で固定されていたとすると，関数 $f(x, y)$ は x のみの関数 $f(x, 2)$ となる。この関数を $g(x)$ とする。たとえば $f(x, y) = xy^2$ なら $g(x) = 4x$ となる。関数 $g(x) = f(x, 2)$ の微分係数 $g'(x)$ は $4(x)' = 4$ に等しいが，これは，もとの関数 $f(x, y)$ を y の値を2にとめた状態で x について微分したものである。

一般的に，ある変数について残りの変数を固定し微分することを**偏微分**とよぶ。とくに，2変数関数 $f(x, y)$ に対し，y の値を固定して f を x のみについて微分することを f を x で偏微分するといい，その値を $f_x(x, y)$ ないし f_x と書く。同様に，x の値を固定して y について微分することを f を y で偏微分するといい，$f_y(x, y)$ ないし f_y と書く。

もし f が $f(x, y) = g(x) + h(y)$ などのように，変数に関して**分離可能**の場合，偏微分は単に変数に直接関わる部分を微分すればよく，$f_x(x, y) = g'(x)$ かつ $f_y(x, y) = h'(y)$ となる。たとえば $f(x, y) = 2x^2 + 3y$ のとき $f_x = 4x$，$f_y = 3$ となる。

例 1.11 関数 $f(x, y) = yx^2$ を考える。x について偏微分すると $f_x(x, y) = y(x^2)' = 2xy$ となる。同様に y についての偏微分は $f_y(x, y) = x^2(y)' = x^2$ となる。

2変数関数 $f(x, y)$ が1次関数，たとえば $f(x, y) = 2x + 3y$ の場合，y の値が変化せず x の値だけが a だけ増えたら関数の値は $2a$ 増え，また x の値が変化せず y の値のみ b だけ変化したら関数の値は $3b$ 増える。そして x の値が a,

y の値が b だけ「同時」に増えると f の変化量 $f(x+a, y+b) - f(x,y)$ はそれらの変化の「合計」$2a + 3b$ となる。なお，この場合，$f_x = 2$ で $f_y = 3$ であるからこの変化量は $af_x + bf_y$ に等しい。

関数 f が1次でない場合，変化量は把握が難しい。しかし変数の変化の量が小さい場合，近似計算できる。今，x, y の値がそれぞれ小さな数 a, b だけ変化して $x+a, y+b$ になったとする。関数 f は，点 (x,y) の付近で，x, y 方向の傾きがそれぞれ一定値 $f_x(x,y)$, $f_y(x,y)$ の1次関数として近似できることがわかっている。よって関数の変化量 Δf は，x 方向の傾き f_x と変化量 a の積 af_x と y 方向の傾き f_y と変化量 b の積 bf_y の合計として表現できる。つまり

$$\Delta f = f(x+a, y+b) - f(x,y) \cong a \cdot f_x(x,y) + b \cdot f_y(x,y)$$

となる（$\cong$ は「近似的に等しい」を意味する）。関数が変数に関して分離可能で $f(x,y) = g(x) + h(y)$ のように表現できる場合，関数の変化量 Δf の値は $ag'(x) + bh'(y)$ と近似できる。

例 1.12 $f(x,y) = yx^2$ のとき，$f_x = 2xy$ で $f_y = x^2$ である。したがって (x,y) の値が $(2,3)$ から $(2.001, 3.002)$ に変わったときの関数 f の増加量は，$f_x(2,3) = 12$, $f_y(2,3) = 4$ であるから近似的に $f(2.001, 3.002) - f(2,3) \cong 12 \cdot 0.001 + 4 \cdot 0.002 = 0.02$ と計算できる。

章末問題

問題 1.1 $\triangle ABC$ が $AB = 2$, $BC = 3$, $AC = 4$ を満たすとき $\cos \angle BAC$ を求めよ。

問題 1.2 自然数 n について $\sum_{i=1}^{n} \sum_{j=1}^{n} i(j+1)$ を求めよ。

問題 1.3 100以下であり，3で割ると1余る自然数の集合を表記せよ。

問題 1.4 $a_k = 2k$ で与えられる数列 $\{a_k\}_{k=1}^{100}$ を考える。2以上50以下の偶数からなる集合 $S = \{2, 4, ..., 50\}$ に対して数列の和 $\sum_{k \in S} a_k$ を計算せよ。

問題 1.5 数列の和 $\sum_{k=1}^{n}(-1)^k$ を計算せよ。n の値により場合分けせよ。

問題 1.6　すべての自然数 n について，$3\sum_{k=1}^{n} k(k+1) = n(n+1)(n+2)$ となることを数学的帰納法で示せ．

問題 1.7　2 つの数 x, y について，$x^2 \leq y^2$ と $|x| \leq |y|$ が同値であること，そして $x^2 \leq y^2$ と $x \leq y$ が同値でないことを示せ．

問題 1.8　実数 $a_1, a_2, ..., a_n$ に対してその 2 乗の和 $\sum a_k^2$ が 0 なら，$a_1, a_2, ..., a_n$ はすべてゼロになることを，その対偶をとって証明せよ．

問題 1.9　2 次関数 $f(x) = ax^2 + bx + c$ の微分係数が $f'(x) = 2ax + b$ になることを，定義に基づいて計算して示せ．

問題 1.10　関数 $f(x) = \sqrt{x}$ の微分係数は $\lim_{a \to 0} \left[\frac{\sqrt{x+a} - \sqrt{x}}{a} \right]$ で与えられる．この値を求めよ（ヒント：$\frac{(\sqrt{x+a} - \sqrt{x})(\sqrt{x+a} + \sqrt{x})}{a(\sqrt{x+a} + \sqrt{x})} = \frac{1}{\sqrt{x+a} + \sqrt{x}}$）．

問題 1.11　関数 $f(x, y) = (x + 2y)^2$ について，偏微分 f_x, f_y を計算せよ．

第 2 章
ベクトル

経済学では連立方程式を解く場面が多い。その1つの理由は互いに関わりあった経済変数の動きを分析するためである。本書の目的の1つは，連立方程式の解の構造を理解することである。例として連立方程式 $2y+x=1, x+3y=4$ を考える。これまで私たちはこの方程式を未知数が2つの方程式ととらえてきたが，未知数を，数の集まり，すなわちベクトルとしてまとめてとらえると，方程式の解の構造を理解しやすくなる。本章ではこのベクトルの考え方を説明する。

2.1 ベクトルの定義

数を何個か縦1列に並べてかっこ () でくくってできるものを**ベクトル**とよぶ。とくに n 個の数を並べたものを n 次元ベクトル，そして n をそのベクトルの**次数**とよぶ。ベクトルと数とを区別するため，本書では $\vec{x}$ など矢印つきのアルファベットを用いて表現する。本によっては $\boldsymbol{x}$ などと太字で表現する。本書でも付録の「線形空間」においてのみベクトルを太字で表す。n 次元ベクトル $\vec{x}$ の上から i 番目にある数をベクトル $\vec{x}$ の第 i **成分**とよぶ。

ベクトル $\vec{x}$ があるとき，その第 i 成分を，ベクトルを表すアルファベット，（この場合は x）に添え字 i をつけて x_i と表現する。n 次元ベクトル $\vec{x}$ は

$$\vec{x} = \begin{pmatrix} x_1 \\ x_2 \\ \vdots \\ x_n \end{pmatrix}$$

と表記できる。すべての n 次元ベクトルを要素として持つ集合を n **次元空間**と

よび，$\mathbb{R}^n$ と表記する。ちなみに 1 次元空間 $\mathbb{R}^1$ は実数の集合 $\mathbb{R}$ と同じである。なお，ここで「空間」とは単に集合を意味しており，現時点で現実社会における空間と結びつける必要はない。

ベクトル $\vec{x}$ の**大きさ**は各成分の 2 乗の和の平方根として定義され，$|\vec{x}|$ と表記される。n 次元ベクトル $\vec{x}$ の大きさは以下のように表現される。

$$|\vec{x}| = \sqrt{\sum_{i=1}^{n}(x_i)^2}$$

例 2.1 2 次元ベクトル $\vec{a} = \begin{pmatrix} 4 \\ 3 \end{pmatrix}$ は 2 次元空間 $\mathbb{R}^2$ の要素の 1 つであり，その第 2 成分は 3 である。大きさは $|\vec{a}| = \sqrt{3^2 + 4^2} = 5$ に等しい。

2.2 演算規則

数と同様に，ベクトルにも演算規則がある。本節はこの規則を説明する。

2.2.1 ベクトルの等号

2 つのベクトル $\vec{x}, \vec{y}$ が**等しい**とは，両ベクトルの次数が一緒であり，かつ同じ位置にある成分がすべて一致するということである。そしてこのとき両ベクトルの関係を，実数における等号と同じように，$\vec{x} = \vec{y}$ と表記する。

例 2.2 2 つのベクトル $\vec{a} = \begin{pmatrix} y \\ 4-x \end{pmatrix}$ と $\vec{b} = \begin{pmatrix} 5x \\ 3 \end{pmatrix}$ が等しいとき，成分を比べ $y = 5x$ と $4 - y = 3$ となり $x = 1, y = 5$ を得る。このとき $\vec{a} = \vec{b} = \begin{pmatrix} 5 \\ 3 \end{pmatrix}$ である。

2.2.2 ベクトルの和

2 つの n 次元ベクトル $\vec{a}, \vec{b}$ 同士の**和** $\vec{a} + \vec{b}$ はそれ自体 n 次元ベクトルであり，同じ位置にある成分同士を加えてできる。つまり $\vec{a} + \vec{b}$ の第 i 成分は，$\vec{a}$ の第 i 成分 a_i と $\vec{b}$ の第 i 成分 b_i の和 $a_i + b_i$ となる。たとえば 2 次元ベクトルの和は

$$\begin{pmatrix} a_1 \\ a_2 \end{pmatrix} + \begin{pmatrix} b_1 \\ b_2 \end{pmatrix} = \begin{pmatrix} a_1 + b_1 \\ a_2 + b_2 \end{pmatrix}$$

と計算できる．この計算規則からわかるように，ベクトルの和は足す順序によらない．つまり $\vec{a}+\vec{b}=\vec{b}+\vec{a}$ となることがわかる．一般的には，k 個の n 次元ベクトルの和はそれ自体 n 次元ベクトルであり，その第 i 成分は，与えられた k 個のベクトルの第 i 成分の和に等しくなる．

次にベクトルの**差**について説明する．n 次元ベクトル $\vec{a}$ から $\vec{b}$ を引いたベクトルを $\vec{a}-\vec{b}$ と表記する．このベクトルも，n 次元ベクトルであり，第 i 成分は，$\vec{a}$ の第 i 成分 a_i と $\vec{b}$ の第 i 成分 b_i との差 $a_i - b_i$ として与えられる．

例 2.3 2 次元ベクトル $\begin{pmatrix} 2 \\ 3 \end{pmatrix}$ と $\begin{pmatrix} 4 \\ 1 \end{pmatrix}$ の和は $\begin{pmatrix} 2 \\ 3 \end{pmatrix} + \begin{pmatrix} 4 \\ 1 \end{pmatrix} = \begin{pmatrix} 2+4 \\ 3+1 \end{pmatrix} = \begin{pmatrix} 6 \\ 4 \end{pmatrix}$ であり，差は $\begin{pmatrix} 2 \\ 3 \end{pmatrix} - \begin{pmatrix} 4 \\ 1 \end{pmatrix} = \begin{pmatrix} 2-4 \\ 3-1 \end{pmatrix} = \begin{pmatrix} -2 \\ 2 \end{pmatrix}$ となる．

2.2.3 ベクトルと実数の積

本節ではベクトルを実数倍する演算を考える．n 次元ベクトル $\vec{x}$ を a 倍してできるベクトルは $\vec{x}$ の**各成分を** a **倍**して得られる n 次元ベクトルとして定義され，$a\vec{x}$ と表記する．たとえば 2 次元ベクトル $\vec{x} = \begin{pmatrix} x_1 \\ x_2 \end{pmatrix}$ の a 倍のベクトルは

$$a\vec{x} = \begin{pmatrix} ax_1 \\ ax_2 \end{pmatrix}$$

で与えられる．ベクトル $\vec{x}$ を a 倍してできるベクトル $a\vec{x}$ の大きさは $|a\vec{x}| = \sqrt{\sum_{i=1}^{n}(ax_i)^2} = |a||\vec{x}|$ となり，もとのベクトルの大きさの $|a|$ 倍となる．

2 つのベクトル $\vec{x}, \vec{y}$ が与えられており，ある実数 a について，$\vec{y}=a\vec{x}$ と表現できるとき，この 2 つのベクトルは平行であるとよぶ．とくに a が正の数の場合，両ベクトルの**向きが等しい**とよぶ．あるベクトル $\vec{x}$ が与えられたとき，そのベクトルと向きが等しく，かつ大きさが 1 に等しいベクトルは $\frac{1}{|\vec{x}|}\vec{x}$ として表現できる．同様に，a が負の数の場合，$\vec{x}$ と $\vec{y}$ の向きは逆であるとよぶ．

より一般的には，2 つの n 次元ベクトル $\vec{a}, \vec{b}$ および 2 つの実数 x, y について，$x\vec{a}+y\vec{b}$ は 2 つの n 次元ベクトル $x\vec{a}$ と $y\vec{b}$ の和であるので，それ自体も n

次元ベクトルである。そしてその第 i 成分は $\vec{a}$ の第 i 成分の x 倍と $\vec{b}$ の第 i 成分の y 倍の和 $xa_i + yb_i$ となる。2 次元ベクトルの場合,

$$x\begin{pmatrix} a_1 \\ a_2 \end{pmatrix} + y\begin{pmatrix} b_1 \\ b_2 \end{pmatrix} = \begin{pmatrix} xa_1 + yb_1 \\ xa_2 + yb_2 \end{pmatrix}$$

のように計算できる。

計 s 個の n 次元ベクトル $\vec{v}_1, \vec{v}_2, ..., \vec{v}_s$ と s 個の実数 $a_1, a_2, ..., a_s$ があるとき, i 番目のベクトル $\vec{v}_i$ を a_i 倍したベクトル $a_i\vec{v}_i$ を $i = 1$ から n まですべて加えて得られる n 次元ベクトル

$$\vec{v} = \sum_{i=1}^{s} a_i \vec{v}_i = a_1 \vec{v}_1 + \cdots + a_s \vec{v}_s$$

を $\vec{v}_1, \vec{v}_2, ..., \vec{v}_s$ の**線形結合**ないし **1 次結合**とよぶ。

例 2.4 2 つのベクトル $\vec{a} = \begin{pmatrix} 4 \\ 3 \end{pmatrix}, \vec{b} = \begin{pmatrix} 1 \\ 2 \end{pmatrix}$ が与えられているとき, $2\vec{a} + \vec{b} = \begin{pmatrix} 9 \\ 8 \end{pmatrix}$ は 2 つのベクトルの線形結合の 1 つである。

2.2.4 内 積

次元の等しい 2 つの n 次元ベクトル $\vec{a}, \vec{b}$ が与えられているとき, その**内積**とは, 以下のような数として定義される (ベクトルではないことに注意せよ)。

$$\vec{a} \cdot \vec{b} = \sum_{k=1}^{n} a_k b_k = a_1 b_1 + a_2 b_2 + \cdots + a_n b_n$$

つまり, 2 つのベクトルの内積とは同じ位置にある成分同士の積を足し合わせたものといえる。2 つのベクトル $\vec{a}$ と $\vec{b}$ の内積が 0 のとき, 2 つのベクトルは**直交**しているという。

例 2.5 2 次元ベクトル $\vec{a} = \begin{pmatrix} 2 \\ 5 \end{pmatrix}$ と $\vec{b} = \begin{pmatrix} 4 \\ 1 \end{pmatrix}$ の内積は $\vec{a} \cdot \vec{b} = 2 \cdot 4 + 5 \cdot 1 = 13$ となる。

内積には以下の演算規則が成立する。

2.2 演算規則

定理 2.1 3種類の n 次元ベクトル $\vec{a}, \vec{b}, \vec{c}$ について,以下の公式が成立する。
1) $\vec{a} \cdot \vec{b} = \vec{b} \cdot \vec{a}$
2) $(\vec{a} + \vec{b}) \cdot \vec{c} = \vec{a} \cdot \vec{c} + \vec{b} \cdot \vec{c}$
3) 実数 t に対して,$(t\vec{a}) \cdot \vec{b} = t(\vec{a} \cdot \vec{b})$
4) $\vec{a}$ とそれ自身の内積 $\vec{a} \cdot \vec{a}$ は $\vec{a}$ の大きさの 2 乗 $|\vec{a}|^2$ となる。

証明 1) $\vec{a} \cdot \vec{b} = \sum_{k=1}^n a_k b_k$ および $\vec{b} \cdot \vec{a} = \sum_{k=1}^n b_k a_k$ であるが,$a_k b_k = b_k a_k$ より両者は等しい。2) $(\vec{a} + \vec{b}) \cdot \vec{c} = \sum_{k=1}^n (a_k + b_k)c_k = \sum_{k=1}^n a_k c_k + b_k c_k$ となるが,これは $\vec{a} \cdot \vec{c} + \vec{b} \cdot \vec{c}$ に等しい。3) $(t\vec{a}) \cdot \vec{b} = \sum_{k=1}^n (ta_k)b_k = t \sum_{k=1}^n a_k b_k$ は $t(\vec{a} \cdot \vec{b})$ に等しい。4) $\vec{a} \cdot \vec{a} = \sum_{k=1}^n (a_k)^2$ は $|\vec{a}|^2$ に等しい。 ∎

定理 2.1 より,2 つの n 次元ベクトル $\vec{a}, \vec{b}$ があるとき,その線形結合として表せる 2 つのベクトル $\vec{p} = x\vec{a} + y\vec{b}$ と $\vec{q} = z\vec{a} + w\vec{b}$ (x, y, z, w は実数) の内積は

$$(x\vec{a} + y\vec{b}) \cdot (z\vec{a} + w\vec{b}) = xz|\vec{a}|^2 + (yz + xw)\vec{a} \cdot \vec{b} + yw|\vec{b}|^2$$

と計算できる。とくに $x\vec{a} + y\vec{b}$ の大きさの 2 乗は

$$|x\vec{a} + y\vec{b}|^2 = x^2|\vec{a}|^2 + 2xy\vec{a} \cdot \vec{b} + y^2|\vec{b}|^2$$

となる。内積に関しては以下の不等式が成立する。

定理 2.2 任意の n 次元ベクトル $\vec{a}, \vec{b}$ について以下の不等式 (**コーシー・シュワルツの不等式**) が成立する (ただし $|\vec{a}| \neq 0$ とする)。

$$|\vec{a} \cdot \vec{b}| \leq |\vec{a}||\vec{b}|$$

証明 x についての 2 次式 $f(x) = |x\vec{a} - \vec{b}|^2 = \sum_{k=1}^n (a_k x - b_k)^2$ を考える。式を整理すると $f(x) = |\vec{a}|^2 x^2 - 2\vec{a} \cdot \vec{b} x + |\vec{b}|^2$ となり,平方完成すると

$$f(x) = |\vec{a}|^2 \left(x - \frac{\vec{a} \cdot \vec{b}}{|\vec{a}|^2} \right)^2 + \frac{-|\vec{a} \cdot \vec{b}|^2 + |\vec{a}|^2|\vec{b}|^2}{|\vec{a}|^2}$$

となる。右辺第 2 項がもし負なら $f(x) < 0$ となるような x が存在するはずだが、関数 f は数の 2 乗の和であるので負にはなりえない。よって右辺第 2 項は負にはなりえず、結果上のような不等式が成立する。■

ここでもし等号 $|\vec{a}\cdot\vec{b}| = |\vec{a}||\vec{b}|$ が成立したとすると、証明における 2 次式 $f(x)$ は $x = \frac{\vec{a}\cdot\vec{b}}{|\vec{a}|^2}$ で最小値 0 をとる。このとき $f(x) = |x\vec{a} - \vec{b}|^2 = 0$ つまり $x\vec{a} = \vec{b}$ となる。このことは $\vec{b}$ と $\vec{a}$ が平行であることを意味する。つまり、(対偶をとって) $\vec{a}$ と $\vec{b}$ が平行でないかぎり、強い意味での不等号 $|\vec{a}\cdot\vec{b}| < |\vec{a}||\vec{b}|$ が成立する。

定理 2.2 を用いて、ベクトルの和とその大きさに関するいわゆる**三角不等式**を示すことができる。

> **定理 2.3** 2 つの n 次元ベクトル、$\vec{a}, \vec{b}$ について、$|\vec{a}+\vec{b}| \leq |\vec{a}| + |\vec{b}|$ が成立する。

証明 求める式の両辺を 2 乗した $|\vec{a}+\vec{b}|^2 \leq (|\vec{a}| + |\vec{b}|)^2$ を示せば十分である。式の左辺は $|\vec{a}|^2 + |\vec{b}|^2 + 2\vec{a}\cdot\vec{b}$、右辺は $|\vec{a}|^2 + |\vec{b}|^2 + 2|\vec{a}||\vec{b}|$ である。ここでシュワルツの不等式より $\vec{a}\cdot\vec{b} \leq |\vec{a}||\vec{b}|$ である。よって題意は証明された。■

例 2.6 n 次元ベクトル $\vec{a}$ と、成分がすべて 1 の n 次元ベクトル $\vec{b}$ をコーシー・シュワルツの不等式に代入すると、$|\sum_{i=1}^{n} a_i| \leq \sqrt{\sum_{i=1}^{n} a_i^2} \cdot \sqrt{n}$ となる。この式を 2 乗し整理すると、$\left(\frac{1}{n}\sum_{i=1}^{n} a_i\right)^2 \leq \left(\frac{1}{n}\sum_{i=1}^{n} a_i^2\right)$ となる。つまり平均値の 2 乗は、2 乗の平均の値以下になるのである。

2.3 ゼロベクトルと単位ベクトル

本節では、数の世界での 0 と 1 に対応するベクトルを説明する。まず 0 に対応するベクトルは、すべての成分が 0 であるような**ゼロベクトル**であり、これを $\vec{0}$ と表記する。2 次元ゼロベクトルは $\begin{pmatrix} 0 \\ 0 \end{pmatrix}$ として与えられる。どんなベクト

ル $\vec{x}$ に対しても $\vec{x}+\vec{0}=\vec{0}+\vec{x}=\vec{x}$ そして $0\vec{x}=\vec{0}$ が成立する。またどんな実数 a に対しても $a\cdot\vec{0}=\vec{0}$ となる。本書では，どんな次元のゼロベクトルも $\vec{0}$ と表記する。$\vec{x}+\vec{0}$ といった計算をする際，$\vec{x}$ と $\vec{0}$ の次元は等しいと仮定する。$\vec{0}$ の大きさは次元によらず 0 である。また，$|\vec{x}|=0$ ならつねに $\vec{x}=\vec{0}$ となる。

次に，数字の 1 に対応する，ベクトルの単位を説明する。n 次元空間 $\mathbb{R}^n$ における**単位ベクトル**は合計 n 種類 $(\vec{e}_1,\vec{e}_2,...,\vec{e}_n)$ あり，**第 k 単位ベクトル** $\vec{e}_k$ $(k=1,2,...,n)$ とは，第 k 成分が 1 で，ほかはすべて 0 のベクトルのことである。単位ベクトルの大きさ $|\vec{e}_k|$ は次元 n によらずすべて 1 である。また，異なる単位ベクトル $\vec{e}_i,\vec{e}_j$ $(i\neq j)$ をとると，0 以外の唯一の成分の位置がずれているので，その内積は 0 となる。つまりこれらは直交する。

本書では，2 次元空間上の第 2 単位ベクトル $\begin{pmatrix}0\\1\end{pmatrix}$ も 3 次元空間上の第 2 単位ベクトル $\begin{pmatrix}0\\1\\0\end{pmatrix}$ も同じく $\vec{e}_2$ と表記する。

例 2.7 3 次元空間における単位ベクトルは以下の 3 種類である。
$$\vec{e}_1=\begin{pmatrix}1\\0\\0\end{pmatrix},\quad \vec{e}_2=\begin{pmatrix}0\\1\\0\end{pmatrix},\quad \vec{e}_3=\begin{pmatrix}0\\0\\1\end{pmatrix}$$

第 i 成分が x_i であるような n 次元ベクトル $\vec{x}$ は，n 次元空間上の計 n 個の単位ベクトル $\vec{e}_1,\vec{e}_2,...,\vec{e}_n$ の線形結合として
$$\vec{x}=\sum_{i=1}^{n}x_i\vec{e}_i$$
と表現できる。

例 2.8 2 次元ベクトル $\vec{a}=\begin{pmatrix}2\\3\end{pmatrix}$ は，2 次元空間 $\mathbb{R}^2$ 上の第 1, 第 2 単位ベクトル $\vec{e}_1=\begin{pmatrix}1\\0\end{pmatrix},\vec{e}_2=\begin{pmatrix}0\\1\end{pmatrix}$ の線形結合の $\vec{a}=2\vec{e}_1+3\vec{e}_2$ として表記できる。

2.4 線形独立性

計 s 個の n 次元ベクトル $\{\vec{v}_1, \vec{v}_2, ..., \vec{v}_s\}$ が与えられているとき，それらの線形結合がゼロベクトルになりうるかという問題を考えてみよう．この問題 s 個の未知数 $x_1, x_2, ..., x_s$ に関する方程式

$$\sum_{i=1}^{s} x_i \vec{v}_i = x_1 \vec{v}_1 + x_2 \vec{v}_2 + ... + x_s \vec{v}_s = \vec{0}$$

として表現できる．未知数がすべて 0，つまり $x_1 = x_2 = ... = x_s = 0$ のとき上の式は明らかに成立する．この自明な解を除いて，この方程式に解がないとき，つまり $\sum_{i=1}^{s} x_i \vec{v}_i = \vec{0}$ ならつねに $x_1 = x_2 = ... = x_s = 0$ となるとき，s 個のベクトル $\vec{v}_1, \vec{v}_2, ..., \vec{v}_s$ は**線形独立**であるという．

一方，少なくともどれか 1 つは 0 でないような s 個の実数 $x_1, x_2, ..., x_s$ に対して $\sum_{i=1}^{s} x_i \vec{v}_i = \vec{0}$ となるとき，$\vec{v}_1, ..., \vec{v}_s$ は**線形従属**であるという．s 個のベクトル $\vec{v}_1, ..., \vec{v}_s$ が線形従属であるとは，s 個のベクトルの中のどれか 1 つのベクトルを残りのベクトルの線形結合として表現できるということである．たとえば式 $\sum_{i=1}^{s} x_i \vec{v}_i = \vec{0}$ において x_1 が 0 でないなら，両辺を x_1 で割って整理すると，

$$\vec{v}_1 = -\frac{x_2}{x_1}\vec{v}_2 - \frac{x_3}{x_1}\vec{v}_3 - ... - \frac{x_s}{x_1}\vec{v}_s$$

と書ける．これはベクトル $\vec{v}_1$ を残りのベクトル $\vec{v}_2, \vec{v}_3, ..., \vec{v}_s$ の線形結合として表現できることを意味する．

ここで計 n 種類の n 次元単位ベクトル $\vec{e}_1, \vec{e}_2, ..., \vec{e}_n$ の線形独立性を考える．n 個の実数 $x_1, x_2, ..., x_n$ について，ベクトル $\sum_{i=1}^{n} x_i \vec{e}_i$ の第 k 成分は x_k に等しくなる．よって $\sum_{i=1}^{n} x_i \vec{e}_i = \vec{0}$ となる場合，$x_1 = x_2 = ... = x_n = 0$ となる．つまりこれらの**単位ベクトルは互いに線形独立**である．

例 2.9 3 つのベクトル $\vec{v}_1 = \begin{pmatrix} 1 \\ 2 \end{pmatrix}, \vec{v}_2 = \begin{pmatrix} -2 \\ -4 \end{pmatrix}, \vec{v}_3 = \begin{pmatrix} 1 \\ 0 \end{pmatrix}$ を考える．$\vec{v}_1$ と $\vec{v}_2$ は $2\vec{v}_1 + \vec{v}_2 = \vec{0}$ の関係を満たすので線形従属である．一方ある実数 a, b に対して $a\vec{v}_1 + b\vec{v}_3 = \vec{0}$ となったとする．このとき $a\vec{v}_1 + b\vec{v}_3 = \begin{pmatrix} a+b \\ 2a \end{pmatrix} = \begin{pmatrix} 0 \\ 0 \end{pmatrix}$

であるから，$a+b=0$ かつ $2a=0$ となる．つまり $a=b=0$ が唯一の解となり，$\vec{v}_1, \vec{v}_3$ は線形独立の関係にある．なお，3 つのベクトル $\vec{v}_1, \vec{v}_2, \vec{v}_3$ は $2\vec{v}_1 + \vec{v}_2 + 0\vec{v}_3 = \vec{0}$ の関係があるため，線形従属の関係にある．

あるベクトル $\vec{a}$ が，線形独立な r 個のベクトル $\vec{v}_1, \vec{v}_2, ..., \vec{v}_r$ の線形結合として表現されるとき，その表現方法について以下の定理が成り立つ．

> **定理 2.4** ベクトル $\vec{a}$ が線形独立な r 個のベクトル $\vec{v}_1, \vec{v}_2, ..., \vec{v}_r$ の 1 次結合として表現されるとき，その表現方法は**唯一**に定まる．つまり，$\vec{a} = \sum_{i=1}^{r} p_i \vec{v}_i = \sum_{i=1}^{r} q_i \vec{v}_i$ となった場合，すべての i で $p_i = q_i$ である．

証明 $\theta_i = p_i - q_i$ とすると，$\sum_{i=1}^{r} p_i \vec{v}_i - \sum_{i=1}^{r} q_i \vec{v}_i = \sum_{i=1}^{r} \theta_i \vec{v}_i = 0$ となるが，線形独立性よりすべての i について $\theta_i = 0$ となる．■

章末問題

問題 2.1 2 次元ベクトルの和 $\sum_{k=1}^{100} \begin{pmatrix} 3+k \\ 12 \end{pmatrix}$ を計算せよ．

問題 2.2 実数 x, y が $\begin{pmatrix} 2+x \\ 3-y+x \end{pmatrix} = \begin{pmatrix} 5-y \\ 2 \end{pmatrix}$ を満たすとき，x と y の値を計算せよ．

問題 2.3 2 つの 3 次元ベクトル $\begin{pmatrix} y-2 \\ 4-z \\ -12 \end{pmatrix}$ と $\begin{pmatrix} 4 \\ y+3 \\ z+7 \end{pmatrix}$ が平行であるとき，実数 y と z の値を求めよ．

問題 2.4 2 つのベクトル $\begin{pmatrix} 2 \\ 3 \end{pmatrix}$ と $\begin{pmatrix} 3 \\ 2 \end{pmatrix}$ が線形独立か判定せよ．次に，3 つのベクトル $\begin{pmatrix} 2 \\ 3 \end{pmatrix}, \begin{pmatrix} 3 \\ 2 \end{pmatrix}$ と $\begin{pmatrix} 1 \\ 1 \end{pmatrix}$ が線形独立か判定せよ．

問題 2.5 2 つのベクトル $\begin{pmatrix} x+3 \\ -1 \end{pmatrix}, \begin{pmatrix} x \\ 4 \end{pmatrix}$ が直交するとき，実数 x の値を求めよ．

問題 2.6 2 つの n 次元ベクトル $\vec{p} = x\vec{a} + y\vec{b}$ と $\vec{q} = z\vec{a} + w\vec{b}$ との内積は，$\vec{a}, \vec{b}$ の大きさがそれぞれ 1 でかつ直交するとき，$xz + yw$ になることを示せ．

問題 2.7　3次元ベクトル $\vec{x} = \begin{pmatrix} 5 \\ 6 \\ 3 \end{pmatrix}$ を 3 次元単位ベクトル $\vec{e}_1 = \begin{pmatrix} 1 \\ 0 \\ 0 \end{pmatrix}, \vec{e}_2 = \begin{pmatrix} 0 \\ 1 \\ 0 \end{pmatrix}$, $\vec{e}_3 = \begin{pmatrix} 0 \\ 0 \\ 1 \end{pmatrix}$ の線形結合として表現せよ。

問題 2.8　ベクトル $\begin{pmatrix} x+3 \\ 2y \\ z \end{pmatrix}$ がベクトル $\begin{pmatrix} 4-2x \\ z \\ 3+y \end{pmatrix}$ に等しいとき x, y, z の値を求めよ。

問題 2.9　n 次元ベクトル $\vec{a}$ と $\vec{b}$ が与えられているときに，$\vec{a} + x\vec{b}$ の大きさを最も小さくするような実数 x の値を x^* とする。このとき $\vec{a} + x^*\vec{b}$ と $\vec{b}$ が直交することを示せ。

問題 2.10　3つの 3 次元ベクトル $\vec{a} = \begin{pmatrix} 3 \\ 2 \\ 1 \end{pmatrix}, \vec{b} = \begin{pmatrix} 2 \\ 1 \\ 0 \end{pmatrix}, \vec{c} = \begin{pmatrix} 1 \\ 0 \\ 0 \end{pmatrix}$ が線形独立であることを示せ。また，任意の 3 次元ベクトル $\vec{d}$ に対し，$\vec{a}, \vec{b}, \vec{c}, \vec{d}$ が線形従属になることを示せ。

問題 2.11　コーシー・シュワルツの不等式を用いて，不等式
$$\left(\sum_{k=1}^{n} k^2\right)\left(\sum_{k=1}^{n} \frac{1}{k^2}\right) > n^2$$
を示せ（ただし n は 2 以上の自然数）。

問題 2.12　互いに直交する 2 つの n 次元ベクトル $\vec{a}$ と $\vec{b}$ および角 θ に対し，$\vec{v} = \cos\theta \vec{a} + \sin\theta \vec{b}$ を考える。ベクトルの大きさが $|\vec{a}| = 2, |\vec{b}| = 1$ で与えられるとき $|\vec{v}|^2$ を最大にするような θ はいくらか。

問題 2.13　n 次元空間上の単位ベクトル $\vec{e}_1, \vec{e}_2, ..., \vec{e}_n$ に対し，n 個のベクトル $\vec{e}_1 + \vec{e}_2, \vec{e}_2 + \vec{e}_3, \vec{e}_3 + \vec{e}_4, ..., \vec{e}_{n-1} + \vec{e}_n$ が線形独立であることを示せ。ただし $n > 2$ とする。

第 **3** 章

ベクトルの図形的解釈

　前章ではベクトルを単に数の集まりとしてとらえてきたが，2次元ベクトルは，座標平面上における**向きを持つ線分**としてもとらえることができる。座標平面上でベクトルを表現することにより，前章で学んだベクトルの和，内積といったものに図形的意味を持たせることができる。ベクトルを図形でとらえるということは，経済の動きを線形代数で分析する際にその直感的理解に役立つ。本章ではこの図形的理解について説明し，章末で経済学への応用として予算制約式と消費者物価指数の意味を考える。

3.1　有向線分としてのベクトル

　2次元の xy 平面を示した図 3.1 において，点 $P(x_1, y_1)$，そして点 P から x 軸方向に a そして y 軸方向に b だけ進んだ点 $Q(x_1+a, y_1+b)$ がある。ここで，次元が 2 のベクトル $\vec{v} = \begin{pmatrix} a \\ b \end{pmatrix}$ を，P から Q に向かう**有向線分**，つまり向きを持った線分と対応させることを考える。

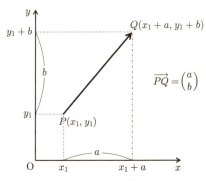

図 3.1　ベクトルの図形的意味

一般的に，点 P から点 Q に向かうベクトルを $\overrightarrow{PQ}$ と表記する。そして点 P をベクトル $\overrightarrow{PQ}$ の**始点**，そして点 Q をこのベクトルの**終点**とよぶ。図 3.1 においては，$\overrightarrow{PQ} = \begin{pmatrix} a \\ b \end{pmatrix} = \vec{v}$ となる。前章で定義したように，$\vec{v} = \begin{pmatrix} a \\ b \end{pmatrix}$ の大きさは $|\vec{v}| = \sqrt{a^2 + b^2}$ であるが，三平方の定理よりたしかにこの値は線分 PQ の「大きさ」（長さ）と等しくなっている。

今，点 $A\,(a_1, a_2)$ から点 $B(b_1, b_2)$ に向かうベクトル $\overrightarrow{AB}$ を考える。点 $A\,(a_1, a_2)$ から x 方向に $b_1 - a_1$，y 方向に $b_2 - a_2$ だけ進んだ点が B であるから，$\overrightarrow{AB} = \begin{pmatrix} b_1 - a_1 \\ b_2 - a_2 \end{pmatrix}$ というように**成分表示**できる。

ここで成分表示が等しいベクトルはすべて同じととらえる。図 3.2 において，点 $A(1,2)$ から点 $B(4,1)$ に向かうベクトル $\overrightarrow{AB}$ も点 $C(4,3)$ から点 $D(7,2)$ に向かうベクトル $\overrightarrow{CD}$ も成分表示が $\begin{pmatrix} 3 \\ -1 \end{pmatrix}$ となり等しいので $\overrightarrow{AB} = \overrightarrow{CD}$ である。一方点 $C(4,3)$ から点 $E(5,6)$ に向かうベクトル $\overrightarrow{CE} = \begin{pmatrix} 1 \\ 3 \end{pmatrix}$ は，$\overrightarrow{CD}$ と大きさがともに $\sqrt{10}$ と等しいが，成分表示が異なり，$\overrightarrow{CD} \neq \overrightarrow{CE}$ となる。また，ベクトル $\overrightarrow{AB}$ の始点と終点を入れ替えてできるベクトル $\overrightarrow{BA}$ ともとのベクトル $\overrightarrow{AB}$ は向きが真逆であり，成分表示が $\overrightarrow{BA} = \begin{pmatrix} -3 \\ 1 \end{pmatrix}$ となり $\overrightarrow{AB}$ と異なる。

このことは，平面上で大きさと向きが同じベクトルはすべて等しくなることを意味している。たとえば，図 3.3 において四角形 $ABDC$ が平行四辺形のとき，ベクトル $\overrightarrow{AB}$ は $\overrightarrow{CD}$ と等しく，また $\overrightarrow{AC}$ は $\overrightarrow{BD}$ とも等しくなる。簡単にいえば，ベクトル $\overrightarrow{AB}$ が与えられたとき，$\overrightarrow{AB}$ を平行移動してできるベクトルはすべて $\overrightarrow{AB}$ と同じになる。たしかに図 3.2 において，$\overrightarrow{AB}$ を右方向に 3，上方向に 1 だけ平行移動させたら $\overrightarrow{CD}$ とぴったりかさなる。

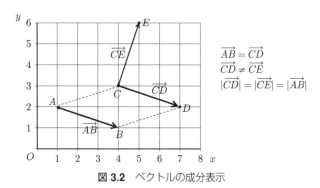

図 3.2 ベクトルの成分表示

3.2 ベクトルの演算の意味

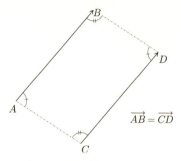

図 3.3 互いに等しいベクトル

座標平面上に点 A があるとき，始点を原点 O，終点を A とするようなベクトル $\overrightarrow{OA}$ は，原点を基準とした A の位置を示している．このベクトルを A の**位置ベクトル**とよぶ．本書では，点 X の位置ベクトル $\overrightarrow{OX}$ を，このベクトルの終点を示すアルファベット X の小文字を用いて $\vec{x}$ と表す．

例 3.1 図 3.2 における点 $A(1,2)$，点 $B(4,1)$ の位置ベクトルはそれぞれ $\vec{a} = \begin{pmatrix} 1 \\ 2 \end{pmatrix}$ そして $\vec{b} = \begin{pmatrix} 4 \\ 1 \end{pmatrix}$ である．

3.2 ベクトルの演算の意味

本節ではベクトルの演算規則の持つ図形的意味を説明する．まずベクトルと実数の積を考える．ベクトル $\vec{x} = \begin{pmatrix} x_1 \\ x_2 \end{pmatrix}$ および正の実数 a に対して，$a\vec{x} = \begin{pmatrix} ax_1 \\ ax_2 \end{pmatrix}$ は，もとのベクトル $\vec{x}$ と向きが等しく大きさが a 倍されたベクトルを示す．たとえばベクトル $\vec{x} = \begin{pmatrix} 3 \\ 4 \end{pmatrix}$ の 2 倍のベクトル $2\vec{x} = \begin{pmatrix} 6 \\ 8 \end{pmatrix}$ はもとのベクトル $\vec{x}$ と向きが等しく，大きさが 2 倍のベクトルである．一方，正の数 a に対して，$-a\vec{x}$ は大きさが $\vec{x}$ の a 倍で，向きが $\vec{x}$ の反対のベクトルである．

次にベクトルの和を考える．前章で説明したように，ベクトル $\vec{x} = \begin{pmatrix} a \\ b \end{pmatrix}$ と $\vec{y} = \begin{pmatrix} p \\ q \end{pmatrix}$ の和 $\vec{z} = \vec{x} + \vec{y}$ は $\begin{pmatrix} a+p \\ b+q \end{pmatrix}$ に等しい．今，図 3.4 のように座標平面上において，$\vec{a} = \begin{pmatrix} a_1 \\ a_2 \end{pmatrix}, \vec{b} = \begin{pmatrix} b_1 \\ b_2 \end{pmatrix}$ そして $\vec{c} = \vec{a} + \vec{b} = \begin{pmatrix} a_1+b_1 \\ a_2+b_2 \end{pmatrix}$ が位置ベクトルとなるような 3 点 A, B, C を考える．ここで $\vec{a}$ の終点 A を始点としてベクト

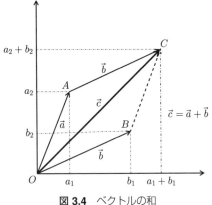

図 3.4 ベクトルの和

ル $\vec{b}$ をあらたに書いたとき、$\vec{a}$ と $\vec{b}$ の和 $\vec{c}$ は $\vec{a}$ の始点 O、$\vec{b}$ の終点 C をそれぞれ始点、終点とする有向線分 $\overrightarrow{OC}$ となる。つまり $\vec{a}$ に $\vec{b}$ を付け加えたのが $\vec{a}+\vec{b}$ といえる。なおこのとき四角形 $OACB$ は平行四辺形となっている。

一般に、2 点 A, B について $\overrightarrow{OA}+\overrightarrow{AB}=\overrightarrow{OB}$ であり、$\overrightarrow{OA}=\vec{a}$, $\overrightarrow{OB}=\vec{b}$ であるから、$\overrightarrow{AB}$ は、A, B の位置ベクトルを用いて

$$\overrightarrow{AB}=\vec{b}-\vec{a}$$

と表せる。

3.3 内積の意味

本節ではベクトルの内積の持つ意味について説明する。2 つの 2 次元ベクトル $\vec{a}, \vec{b}$ があるとき、両ベクトルを原点が始点となるように書き、その終点をそれぞれ A, B とする。このとき、図 3.5 のように、$\vec{a}, \vec{b}$ はそれぞれ A, B の位置ベクトルとなっている。ここで $\angle AOB = \theta$ をベクトル $\vec{a}, \vec{b}$ のなす**角度**と定義する。

2 次元ベクトル $\vec{a}=\begin{pmatrix}a_1\\a_2\end{pmatrix}$, $\vec{b}=\begin{pmatrix}b_1\\b_2\end{pmatrix}$ の内積は $\vec{a}\cdot\vec{b}=a_1b_1+a_2b_2$ として計算できることは前章ですでに学んだが、次の定理が示すように、2 次元ベクトルの内積は 2 つのベクトルのなす角度に依存している。

3.3 内積の意味

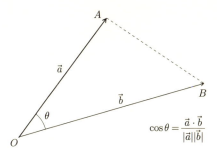

図 3.5 ベクトルのなす角度

定理 3.1 2つのベクトル $\vec{a}, \vec{b}$ のなす角度が θ のとき，それらの内積は $\vec{a} \cdot \vec{b} = |\vec{a}||\vec{b}| \cos \theta$ に等しくなる。

証明 余弦定理より $AB^2 = OA^2 + OB^2 - 2OA \cdot OB \cos \theta$ である。線分 AB の大きさは $|\overrightarrow{AB}|$ に等しく，$\overrightarrow{AB} = \vec{b} - \vec{a}$ であるため以下の式が成立する。

$$AB^2 = |\vec{b} - \vec{a}|^2 = (\vec{b} - \vec{a}) \cdot (\vec{b} - \vec{a}) = |\vec{a}|^2 + |\vec{b}|^2 - 2\vec{a} \cdot \vec{b}$$

$OA = |\vec{a}|, OB = |\vec{b}|$ であるから $\vec{a} \cdot \vec{b} = OA \cdot OB \cos \theta = |\vec{a}||\vec{b}| \cos \theta$ となる。 ■

定理 3.1 により，2つのベクトル $\vec{a}, \vec{b}$ のなす角度 θ は $\cos \theta = \frac{\vec{a} \cdot \vec{b}}{|\vec{a}||\vec{b}|}$ をみたす。ここで，$\vec{a} \cdot \vec{b} = 0$ なら $\cos \theta = 0$ つまり $\theta = 90°$ となり両者のなす角は直角である。つまり2つのベクトルは文字通り「直交」している。内積が 0 であるようなベクトルを直交するとよぶのにはこのような理由がある。

例 3.2 ベクトル $\vec{a} = \begin{pmatrix} 1 \\ 2 \end{pmatrix}, \vec{b} = \begin{pmatrix} 4 \\ -2 \end{pmatrix}$ の内積は $\vec{a} \cdot \vec{b} = 1 \cdot 4 + 2 \cdot (-2) = 0$ となり直交している。図 3.6 が示すように両者のなす角度 $\angle AOB$ は直角である。

今，図 3.7 のように座標平面上に 2 点 A, B があり，その位置ベクトルをそれぞれ $\vec{a}, \vec{b}$ とする。$\vec{a}$ の終点 A から線分 OB に垂線をおろし，垂線の足を H とする。このとき H の位置ベクトル $\vec{h} = \overrightarrow{OH}$ を $\vec{a}$ の $\vec{b}$ への**正射影ベクトル**とよぶ。ここで $\vec{a}$ と $\vec{b}$ のなす角を θ とする。いま $\theta \leq 90°$ のとき，ベクトル $\vec{h}$ は $\vec{b}$ と向き

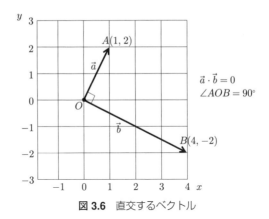

図 3.6 直交するベクトル

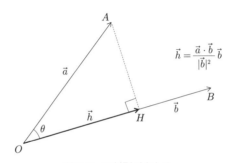

図 3.7 正射影ベクトル

が等しく，大きさの比は $|\vec{h}|:|\vec{b}|$ となるため，$\vec{h}$ は $\vec{b}$ を用いて $\vec{h}=\frac{|\vec{h}|}{|\vec{b}|}\vec{b}$ と表せる。三角比の性質より $|\vec{h}|$ は $|\vec{a}|\cos\theta$ に等しく，また内積の公式より $|\vec{a}|\cos\theta=\frac{\vec{a}\cdot\vec{b}}{|\vec{b}|}$ であるため $|\vec{h}|=\frac{\vec{a}\cdot\vec{b}}{|\vec{b}|}$ となる。よって，正射影ベクトルは $\vec{h}=\frac{\vec{a}\cdot\vec{b}}{|\vec{b}|^2}\vec{b}$ として表現できる。角 θ が $90°$ 以上の場合も同じ式が成立する。とくに $\vec{b}$ の大きさが 1 のとき，$\vec{h}=(\vec{a}\cdot\vec{b})\vec{b}$ と表現できる。

3.4 内分点のベクトル表示

図 3.8 のように座標平面上に 2 点 A,B があり，その位置ベクトルをそれぞれ $\vec{a},\vec{b}$ とする。今，A と B を $p:q$ （p,q は正の数）に内分する点 C の位置ベ

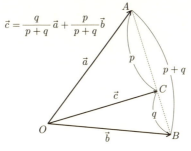

図 3.8 内分点

クトル $\vec{c}$ を A, B の位置ベクトルを用いて表現することを考える。

ベクトル $\overrightarrow{AB}(=\vec{b}-\vec{a})$ と $\overrightarrow{AC}$ は向きが同じで大きさの比が $p+q:p$ であるため $\overrightarrow{AC} = \frac{p}{p+q}(\vec{b}-\vec{a})$ となる。よって $\vec{c} = \overrightarrow{OC} = \overrightarrow{OA} + \overrightarrow{AC}$ は

$$\vec{c} = \frac{q}{p+q}\vec{a} + \frac{p}{p+q}\vec{b} = \frac{q\vec{a}+p\vec{b}}{p+q}$$

となる。一般的に 2 点の内分点の位置ベクトルは 2 点の位置ベクトルの線形結合として表現できる。とくに A と B の中点の位置ベクトルは $p=q=1$ の場合なので $\frac{\vec{a}+\vec{b}}{2}$ と表現できる。$p+q=1$ となるように p,q を選び，$\vec{c} = q\vec{a} + (1-q)\vec{b}$ などと表すこともある。

一般的に，2 つのベクトル $\vec{a}, \vec{b}$ の線形結合 $\vec{z} = p\vec{a} + q\vec{b}$ は，$\vec{z} = (p+q)\left(\frac{p\vec{a}+q\vec{b}}{p+q}\right)$ と書ける。ただし p, q は正の数である。したがって $\vec{z}$ は A と B を $q:p$ に内分する点の位置ベクトルを $p+q$ 倍したものととらえることができる。

例 3.3 点 $A(4,5)$ と点 $B(1,2)$ を $2:1$ に内分する点 C の位置ベクトルは，$\vec{c} = \frac{1}{3}\begin{pmatrix}4\\5\end{pmatrix} + \frac{2}{3}\begin{pmatrix}1\\2\end{pmatrix} = \begin{pmatrix}2\\3\end{pmatrix}$ となる。

3.5 直線のベクトル表記

本節では，ある点 $A(a_1, a_2)$ を通る直線 L 上の点 $X(x_1, x_2)$ の満たす式を考える。図 3.9 のように点 A を通る直線 L が与えられたとき，L の向きと垂直な

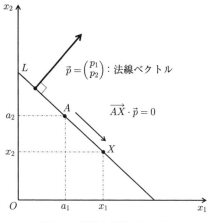

図 **3.9** 直線と法線ベクトル

ベクトルを 1 つとり，これを $\vec{p} = \begin{pmatrix} p_1 \\ p_2 \end{pmatrix}$ とする。このようなベクトルを直線 L の**法線ベクトル**とよぶ。この時，L 上の任意の点 X について，$\overrightarrow{AX}$ と $\vec{p}$ は直交する。逆に $\overrightarrow{AX}$ が $\vec{p}$ に直交するような点 X は必ず L 上にある。2 点 A, X の位置ベクトルを $\vec{a} = \begin{pmatrix} a_1 \\ a_2 \end{pmatrix}$, $\vec{x} = \begin{pmatrix} x_1 \\ x_2 \end{pmatrix}$ とすると，$\overrightarrow{AX} = \vec{x} - \vec{a} = \begin{pmatrix} x_1 - a_1 \\ x_2 - a_2 \end{pmatrix}$ であるから，直交する条件式 $\overrightarrow{AX} \cdot \vec{p} = 0$ は

$$\begin{pmatrix} x_1 - a_1 \\ x_2 - a_2 \end{pmatrix} \cdot \begin{pmatrix} p_1 \\ p_2 \end{pmatrix} = p_1(x_1 - a_1) + p_2(x_2 - a_2) = 0$$

となる。これが直線 L の方程式である。

一般的に，2 次元空間上における直線 $px + qy = r$ (p, q, r は定数) の法線ベクトルは $\begin{pmatrix} p \\ q \end{pmatrix}$ となる。なぜなら，この直線上の任意の 2 点 $A(x_1, y_1)$, $B(x_2, y_2)$ について，$\overrightarrow{AB} \cdot \begin{pmatrix} p \\ q \end{pmatrix} = px_2 + qy_2 - (px_1 + qy_1) = r - r = 0$ となるからである。

例 3.4 位置ベクトルが $\vec{a} = \begin{pmatrix} 2 \\ 3 \end{pmatrix}$ である点 A を通り，方向ベクトルが $\vec{n} = \begin{pmatrix} 4 \\ 5 \end{pmatrix}$ に直交する直線 L を考える。L 上の点 Z の位置ベクトルを $\vec{z} = \begin{pmatrix} x \\ y \end{pmatrix}$ とすると，$(\vec{z} - \vec{a}) \cdot \vec{n} = 0$ より $4(x - 2) + 5(y - 3) = 0$ を満たすため，直線の方程式は $4x + 5y = 23$ となる。

3.6 3次元ベクトルの意味（発展）

2次元ベクトルと同様，3次元ベクトルも図形的意味を持つ．今ベクトル $\vec{x} = \begin{pmatrix} a \\ b \\ c \end{pmatrix}$ が与えられたとき，このベクトルを3次元空間上において，原点 $O(0,0,0)$ から点 $X(a,b,c)$ に向かう有向線分，つまり X の位置ベクトル $\vec{x}$ と対応させる．ベクトル $\vec{x}$ の大きさは $|\vec{x}| = \sqrt{a^2 + b^2 + c^2}$ であるが，三平方の定理より空間上でこの値は線分 OX の長さと等しい．

ベクトルの演算に関しても2次元ベクトルと同様に図形的意味がある．前述のベクトル $\vec{x}$ および正の実数 p に対して，$p\vec{x} = \begin{pmatrix} pa \\ pb \\ pc \end{pmatrix}$ は，もとのベクトル $\vec{x}$ と向きが等しく大きさが p 倍されたベクトルとなっている．一方，p が負の場合，$p\vec{x}$ は大きさが $\vec{x}$ の $|p| = -p$ 倍で，向きが $\vec{x}$ の正反対のベクトルである．次にベクトル $\vec{x} = \begin{pmatrix} a \\ b \\ c \end{pmatrix}$ と $\vec{y} = \begin{pmatrix} p \\ q \\ r \end{pmatrix}$ の和 $\vec{z} = \vec{x} + \vec{y} = \begin{pmatrix} a+p \\ b+q \\ c+r \end{pmatrix}$ を考える．ここで，$\vec{x}, \vec{y}, \vec{z}$ をそれぞれ位置ベクトルとするような点を X, Y, Z としたとき，四角形 $OXZY$ は平行四辺形となっている．つまり $\vec{x} + \vec{y}$ は OX, OY を辺とするような平行四辺形の頂点の位置ベクトルを示している．

内積についても2次元ベクトルと同様，ベクトル $\vec{a} = \begin{pmatrix} a_1 \\ a_2 \\ a_3 \end{pmatrix}, \vec{b} = \begin{pmatrix} b_1 \\ b_2 \\ b_3 \end{pmatrix}$ のなす角度が θ のとき，**内積** $\vec{a} \cdot \vec{b} = a_1 b_1 + a_2 b_2 + a_3 b_3$ は $|\vec{a}| \cdot |\vec{b}| \cos\theta$ となる．

ベクトルを用いて，3次元空間における平面の方程式を求めることができる．図3.10において，平面 π があり，その平面に垂直なベクトル，つまり法線ベクトルの1つを $\vec{b} = \begin{pmatrix} b_1 \\ b_2 \\ b_3 \end{pmatrix}$ とする．今，この平面が，位置ベクトルを $\vec{a} = \begin{pmatrix} a_1 \\ a_2 \\ a_3 \end{pmatrix}$ とするような点 A を通っているとする．この場合，平面上のすべての点 X について，$\overrightarrow{AX}$ と $\vec{b}$ は直交する．よって平面上の点 X の位置ベクトルを $\vec{x} = \begin{pmatrix} x_1 \\ x_2 \\ x_3 \end{pmatrix}$ とすると，$\overrightarrow{AX} \cdot \vec{b} = (\vec{x} - \vec{a}) \cdot \vec{b} = 0$ を満たすから，平面 π の方程式は

$$b_1(x_1 - a_1) + b_2(x_2 - a_2) + b_3(x_3 - a_3) = 0$$

のように表現できる．

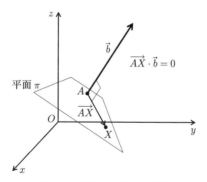

図 3.10 法線ベクトルと平面

例 3.5 2点 $A(2,1,3)$, $B(5,2,4)$ がある。点 A を通りベクトル $\overrightarrow{AB} = \begin{pmatrix} 3 \\ 1 \\ 1 \end{pmatrix}$ を法線ベクトルに持つ平面の方程式を考える。平面上の点 X の座標を (x,y,z) とすると、$\overrightarrow{AB} \cdot \overrightarrow{AX} = 0$ である。したがってこの平面の方程式は $3(x-2)+(y-1)+(z-3)=0$ つまり $3x+y+z=10$ となる。

以下では、ベクトルと経済理論との関わりについて例を用いて示す。

経済学への応用 1
価格ベクトルと予算制約式

ここでは所得が I（ただし I は正の数）の消費者が予算の範囲で財（品物）を購入する問題を考える。計 n 種類の財からなる社会において、第 $i\ (=1,2,...,n)$ 財の価格を p_i とする。消費者が財 i を q_i の量だけ購入する場合は総支出額は、$\sum_{i=1}^{n} p_i q_i$ となる。

ここで、財 i の購入量 q_i を第 i 成分に持つような n 次元ベクトルを**数量ベクトル** $\vec{q}$、そして財 i の価格 p_i を第 i 成分に持つような n 次元ベクトルを**価格ベクトル** $\vec{p}$ とすると、支出額は、価格ベクトルと数量ベクトルの内積 $\vec{p} \cdot \vec{q}$ となる。したがって、予算制約式は

$$\vec{p} \cdot \vec{q} = I$$

と書ける。$n=2$ の場合式は $p_1 q_1 + p_2 q_2 = I$ と書ける。これは図 3.11 のよう

3.6 3次元ベクトルの意味（発展）

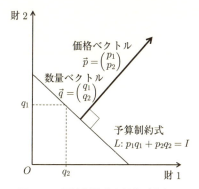

図 3.11 予算制約式と価格ベクトル

に，財1の消費量（購入量）を横軸に，そして財2の消費量を縦軸にとった平面上で右下がりの直線（**予算制約線**）として表現できる。価格ベクトル $\vec{p}$ はこの直線の法線ベクトルとなっている。

今，予算制約線上の数量ベクトル $\vec{q}$ を $\vec{r}$ だけ変化させ $\vec{q}+\vec{r}$ にすることを考える。変化 $\vec{r}$ が，価格ベクトルと直交する場合，変化にかかる費用は，$\vec{p}\cdot\vec{r}=0$ となる。つまり新しい数量ベクトルも予算制約式 $\vec{p}(\vec{q}+\vec{r})=I$ を満たす。このことは，価格ベクトルと，購入量の変化を示すベクトルが直交するとき，予算制約式は守られ続けることを意味している。

なお経済学では，**純粋交換経済**とよばれる社会を考えることがある。この社会では各消費者は各財をもともといくらか保有しており，その財を売買することで財の保有状況を変化させる。今，n 財からなる社会において，消費者が初期保有として財 i を e_i だけ持つとする。ここで e_i を第 i 成分として持つような n 次元ベクトル $\vec{e}$ を**初期保有ベクトル**とよぶ。消費者は，数量ベクトル $\vec{q}$ と初期保有ベクトルの差 $\vec{d}=\vec{q}-\vec{e}$ を市場で調達するが，$\vec{d}$ を**超過需要ベクトル**とよぶ（社会全体で超過需要の合計はゼロになる）。

超過需要の解消のためにかかる金額は，価格ベクトル $\vec{p}$ と超過需要ベクトル $\vec{d}$ の内積に等しい。今，この消費者が他の人からお金を借りるのが認められない場合，この値は 0 でないといけない。つまり数量ベクトルは $\vec{p}\cdot(\vec{q}-\vec{e})=0$ つまり $\vec{p}\cdot\vec{q}=\vec{p}\cdot\vec{e}$ を満たしていなくてはならない。これが純粋交換経済での予算制約式である。平面上において，この式は初期保有ベクトル $\vec{e}$ を位置ベク

トルとするような点 E を通り，価格ベクトル $\vec{p}$ を法線ベクトルとするような直線となっている。

経済学への応用 2
物価指数

本節では物価指数を内積を用いて解釈する。今，リンゴとメロンの 2 種類の財からなる経済を考える。第 1 期と第 2 期の 2 期間における財の値段と数量は以下の表 3.1 のように与えられているとする。

表 3.1　物価と数量

	第 1 期	第 2 期
リンゴの値段	p_{a1}	p_{a2}
リンゴの数量	q_{a1}	q_{a2}
メロンの値段	p_{m1}	p_{m2}
メロンの数量	q_{m1}	q_{m2}

第 t 期 $(t=1,2)$ における両財の価格を並べたベクトルを $\vec{p}_t$，数量を並べたベクトルを $\vec{q}_t$ とすると，

$$\vec{p}_1 = \begin{pmatrix} p_{a1} \\ p_{m1} \end{pmatrix}, \ \vec{p}_2 = \begin{pmatrix} p_{a2} \\ p_{m2} \end{pmatrix}, \ \vec{q}_1 = \begin{pmatrix} q_{a1} \\ q_{m1} \end{pmatrix}, \ \vec{q}_2 = \begin{pmatrix} q_{a2} \\ q_{m2} \end{pmatrix}$$

となる。ここで物価変動の程度を 1 つの数（**物価指数**）としてとらえるため，第 1 期の数量ベクトルを基準とし，その量の購入にかかる費用が 2 期間でどう変化したかを考える。

第 1 期，第 2 期の物価水準のもとでの支出金額はそれぞれ $\vec{p}_1 \cdot \vec{q}_1, \vec{p}_2 \cdot \vec{q}_1$ となり，物価水準の変化の割合つまり物価上昇率 π は，それら物価水準の比から 1 を引いた値 $\pi = \frac{\vec{p}_2 \cdot \vec{q}_1}{\vec{p}_1 \cdot \vec{q}_1} - 1$ として表現できる。ここで，価格と数量を表した図 3.13 において，$\vec{p}_1, \vec{p}_2$ から $\vec{q}_1$ への正射影をそれぞれ $\overrightarrow{OH}, \overrightarrow{OI}$ とすると，正射影の性質より $\vec{p}_1 \cdot \vec{q}_1 = |\overrightarrow{OH}||\vec{q}_1|, \vec{p}_2 \cdot \vec{q}_1 = |\overrightarrow{OI}||\vec{q}_1|$ である。つまり，物価水準の比は正射影の長さの比に等しく，$\pi = \frac{|\overrightarrow{OI}|}{|\overrightarrow{OH}|} - 1$ と表せる。

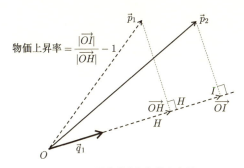

図 3.12 消費者物価指数と内積

ここで，価格ベクトルを比較するため，単にその大きさではなく，数量ベクトルへの正射影の長さをみているのは，数量ベクトルと似た方向で価格が変化したほうが物価変動が社会に与える影響が大きいからである。たとえある財の値段が急に上昇しても，その財への需要量が 0 なら社会に与える影響はほぼゼロである。物価指数というのは，価格の変動が数量ベクトルの方向にどのくらい変化したかをはかっているのである。

章末問題

問題 3.1 $\begin{pmatrix} 6 \\ 8 \end{pmatrix}$ を位置ベクトルとするような点を A, $\begin{pmatrix} 12 \\ 5 \end{pmatrix}$ を位置ベクトルとするような点を B とする。OA と OB のなす角を θ とするとき，$\cos \theta$ の値を計算せよ。

問題 3.2 平面上の 3 点 A, B, C の位置ベクトルをそれぞれ $\vec{a}, \vec{b}, \vec{c}$ とする。今，$\triangle ABC$ の重心を G とすると，G の位置ベクトルが $\vec{g} = \frac{\vec{a}+\vec{b}+\vec{c}}{3}$ で表されることを示せ。なお，重心とは，AB の中点と点 C を 1:2 に内分する点である。

問題 3.3 図 3.2 において，$\overrightarrow{AE}$ と $\overrightarrow{EA}$ をそれぞれ成分表示せよ。また，□$EABF$ が平行四辺形となるような点 F の位置ベクトルを求めよ。

問題 3.4 平面上の 2 点 A, B の位置ベクトルをそれぞれ $\vec{a}, \vec{b}$ とする。$\triangle OAB$ の面積 S を内積 $\vec{a} \cdot \vec{b}$ と大きさ $|\vec{a}|, |\vec{b}|$ を用いて表せ。問題 3.1 において $\triangle OAB$ の面積を求めよ。

問題 3.5 2つのベクトル $\begin{pmatrix} 2 \\ 1 \end{pmatrix}$ と $\begin{pmatrix} x \\ 1 \end{pmatrix}$ のなす角度が 30° のとき，実数 x の値を計算せよ。ただし x は正であるとする。

問題 3.6 直線 $y + 2x = 3$ 上の点と点 $(6, 6)$ との最短距離を求めよ。

問題 3.7 直線 L は点 $(1, 5)$ を通り，かつその法線ベクトルの1つが $\begin{pmatrix} 3 \\ -2 \end{pmatrix}$ である。このとき直線 L の方程式を求めよ。

問題 3.8 2財からなる純粋交換経済がある。財の初期保有ベクトルが $\begin{pmatrix} 1 \\ 2 \end{pmatrix}$ であり，価格ベクトルが $\begin{pmatrix} 3 \\ 4 \end{pmatrix}$，数量ベクトルが $\begin{pmatrix} x \\ y \end{pmatrix}$ のとき，予算制約式を求めよ。経済主体が両財を同量需要とするとき，数量ベクトルの値を求めよ。

問題 3.9 平面上に2点 A, B があり，その位置ベクトルをそれぞれ $\vec{a} = \begin{pmatrix} 3 \\ 1 \end{pmatrix}, \vec{b} = \begin{pmatrix} 1 \\ 4 \end{pmatrix}$ とする。線分 AB の内分点 C の中で，$|\overrightarrow{OC}|$ を最小にするような C の位置ベクトルを求めよ。次に $\vec{a}$ の $\vec{b}$ への正射影ベクトルを求めよ。

問題 3.10 物価指数の例において，各財の値段と数量が以下のように与えられているとき，第1期から第2期にかけて物価がどれくらい増えたか求めなさい。

	第1期	第2期
リンゴの値段	100	150
リンゴの数量	1	2
メロンの値段	200	400
メロンの数量	3	2

第 4 章
行　　列

以下の連立方程式を考えてみよう。
$$[A]: \begin{array}{l} 2x + 3y = 5 \\ 1x + 4y = 9 \end{array}$$
未知数 x, y の値を決めるのは，式の係数 $2, 3, 1, 4$ と定数 $5, 9$ の計 6 つの値である。未知数のアルファベットの種類を変えても方程式の解は変わらないが，数の並びを少しでも変えたら解も変わる。たとえば，両式の右辺の 2 つの数字 5 と 9 の上下関係を変えると新しく方程式
$$[B]: \begin{array}{l} 2x + 3y = 9 \\ 1x + 4y = 5 \end{array}$$
ができるが，方程式 [A] と方程式 [B] の答えはまったく異なる。連立方程式において重要になるのは，数字の位置関係である。ここで，縦横に並ぶ 6 つの数を，並び方を変えずに方程式 [A] から取り出し，かっこでくくり $\begin{pmatrix} 2 & 3 & 5 \\ 1 & 4 & 9 \end{pmatrix}$ のように書くと，この数の集まりが x, y の値を決める。縦横に並んだ数の集まりを線形代数では**行列**とよぶ。連立方程式を行列として考察すると，方程式の構造を深く理解できる。本章ではこの行列について学ぶ。

4.1 行列の定義

行列とは数字を長方形の形に何個か並べたものにかっこをつけたものをさす。数を縦に m 個，横に n 個，計 mn 個並べてできる行列を $m \times n$ **行列**とよび，この行列の**サイズ**を $m \times n$ と表現する。以下は 2×4 行列の一例である。
$$\begin{pmatrix} 0 & 1 & 7 & 8 \\ 2 & 4 & 6 & 2 \end{pmatrix}$$
行列の**成分**とはその行列を構成する数のことである。$m \times n$ 行列 A において，

上から i 番目に位置する成分の（横方向の）集まりを A の**第 i 行**とよぶ。行番号 i が増えると行は下に移る。そして，A の**第 j 列**とは，**左から** j 番目に位置する成分の（縦方向に並んだ）集合である。列番号 j が増えると列は右に移る。

行列 A の (i,j) **成分**とは，上から i 番目，左から j 番目にある成分，つまり第 i 行 j 列目にある成分のことである。本書では，行列 A の第 i 行「以降」とは第 i 行およびそれより下に位置する行，そして第 j 列以降とはその列およびそれより右にある列をさす。

例 4.1 2×3 行列 $\begin{pmatrix} 0 & 1 & 1 \\ \boxed{2\ 4\ 5} \end{pmatrix}$ の第 2 行とは上から 2 番目にある数字の集合 $(2\ 4\ 5)$ である。同様に，行列 $\begin{pmatrix} 1 & \boxed{3} \\ 5 & \boxed{4} \end{pmatrix}$ の第 2 列とは左から 2 番目にある数字の集合 $\begin{pmatrix} 3 \\ 4 \end{pmatrix}$ である。行，列自体も行列である。

本書では行列をアルファベットの大文字（たとえば A）で表現し，行列の成分をそのアルファベットの小文字（a など）に行番号 i および列番号 j を順に添えて a_{ij} のように表記する。2×3 行列 A は以下のように成分表示できる。ここで a_{12} は行列 A の $(1,2)$ 成分，つまり 1 行 2 列目にある成分を示す。

$$A = \begin{pmatrix} a_{11} & a_{12} & a_{13} \\ a_{21} & a_{22} & a_{23} \end{pmatrix}$$

成分 a_{ij} から構成されているサイズが $m \times n$ の行列ということで，行列 A を $A = (a_{ij})_{m \times n}$ あるいはサイズを省略して (a_{ij}) として表現することもある。たとえば行列 $B = (b_{ij})_{1 \times 2}$ を成分表示すると $B = (b_{11}\ b_{12})$ となる。

行列の (i,j) 成分 a_{ij} は，第 i 行と第 j 列の交わるところに位置する数字を表しているが，この表記方法は，京都の地名の名づけ方と似ている。京都市では東西の通りと南北の通りが交わる場所の名前はその 2 つの通りの名前を続けたものとなっている。たとえば「四条河原町」は四条通（東西方向）と河原町通り（南北方向）の交差点付近を指しており，行列の名づけ方と似ている。

成分がすべて 0 の行列を**ゼロ行列**とよび，O で表す。たとえばサイズが 2×2 のゼロ行列は $\begin{pmatrix} 0 & 0 \\ 0 & 0 \end{pmatrix}$ である。ゼロ行列は数の世界の 0 に対応している。

縦と横に並ぶ数字の個数が等しい行列を**正方行列**とよぶ。サイズが $n \times n$ の

4.1 行列の定義

正方行列を n 次正方行列または n **次行列**とよぶ。今, n 次行列 (a_{ij}) に対し, 左上の成分 a_{11} から右下の成分 a_{nn} に向かう対角線 (**主対角線**) 上にある計 n 個の成分 $a_{11}, a_{22}, ..., a_{nn}$ を主対角成分, そしてそれらの和 $\sum_{k=1}^{n} a_{kk}$ を**トレース**とよび, $tr(A)$ と表す。

主対角成分以外の成分がすべて 0 であるような正方行列を**対角行列**とよぶ。(k,k) 成分 $(1 \leq k \leq n)$ の値が a_k で与えられる n 次対角行列を $\mathrm{diag}(a_1, a_2, ..., a_n)$ と書く。たとえば $\mathrm{diag}(a,b) = \begin{pmatrix} a & 0 \\ 0 & b \end{pmatrix}$ である。

前章で学んだ n 次元ベクトルは, 数が横に1つ, 縦に n 個ならぶという点で $n \times 1$ 行列ともみることができる。本書ではベクトルを行列の一種ととらえる。

行列 $A = (a_{ij})_{m \times n}$ の各列には数が縦に m 個並んでおり, 数の並びの観点からこの列1つ1つが m 次元ベクトルであると考えることができる (縦長の $m \times 1$ 行列でもある)。そこで A の第 j 列 $(1 \leq j \leq n)$ を A の第 j **列ベクトル**ともよび, $\vec{a}_j$ と表す。行列 A は,

$$A = (\vec{a}_1, \vec{a}_2 ..., \vec{a}_n)$$

のように列ベクトルを左から順に横に並べたものとして表現できる。これを A の**列ベクトル表記**とよぶ。一方, 行列 A の第 i 行自体も行列であるが, その横長の $1 \times n$ 行列を A_i と表記する (これを行列 A の第 i 行ベクトルとよぶこともある)。

例 4.2 行列 $B = \begin{pmatrix} 1 & 3 & 7 \\ 2 & 4 & 5 \end{pmatrix}$ の列ベクトルは $\vec{b}_1 = \begin{pmatrix} 1 \\ 2 \end{pmatrix}, \vec{b}_2 = \begin{pmatrix} 3 \\ 4 \end{pmatrix}, \vec{b}_3 = \begin{pmatrix} 7 \\ 5 \end{pmatrix}$ の3種類あり, $B = (\vec{b}_1, \vec{b}_2, \vec{b}_3)$ と表せる。一方 B の第2行は $B_2 = (2\ 4\ 5)$ である。B は行ベクトルを用いて $\begin{pmatrix} B_1 \\ B_2 \end{pmatrix}$ とも表現できる。

2つの行列の行数が等しい場合, それらを横に並べて新たな行列を作ることができる。本書では, 行数が等しい $m \times n$ 行列 A と $m \times p$ 行列 B を横に並べてできる $m \times (n+p)$ 行列を (A, B) と書く。m 次元ベクトルは $m \times 1$ 行列ともみることができるので, 本書では同様に $m \times n$ 行列 A と m 次元ベクトル $\vec{p}$ を横に並べてできる $m \times (n+1)$ 行列を $(A, \vec{p})$ と表現する。この表記は連立方程式を解く際によく用いる。

例 4.3 2つの2次行列 $P = \begin{pmatrix} 1 & 7 \\ 2 & 5 \end{pmatrix}$ と $Q = \begin{pmatrix} 1 & 3 \\ 0 & 4 \end{pmatrix}$ を横に並べた行列は $(P, Q) = \begin{pmatrix} 1 & 7 & 1 & 3 \\ 2 & 5 & 0 & 4 \end{pmatrix}$ であり，行列 Q と2次元ベクトル $\vec{a} = \begin{pmatrix} 2 \\ 8 \end{pmatrix}$ を並べた行列は $(Q, \vec{a}) = \begin{pmatrix} 1 & 3 & 2 \\ 0 & 4 & 8 \end{pmatrix}$ と表せる。

4.2 基本的な演算規則

数と行列との間には積が，また行列同士には和，積が定義されている。しかしサイズによっては計算ができない場合がある。本書ではこれらの演算の規則を説明する。

まず，行列の間の**等号**を説明する。行列 $A = (a_{ij})$ と $B = (b_{ij})$ が $A = B$ を満たすとは，1) 両行列のサイズが同じで，2) すべての行番号 i，列番号 j について (i, j) 成分が一致する，つまり $a_{ij} = b_{ij}$ となることをいう。

例 4.4 等式 $\begin{pmatrix} 1+x & 3 \\ 0 & y \end{pmatrix} = \begin{pmatrix} 4-y & 3 \\ 0 & x+1 \end{pmatrix}$ を考える。両行列の全成分が等しいため $1 + x = 4 - y$ かつ $y = x + 1$，つまり $x = 1, y = 2$ となる。

2つの行列 A と B の和 $A + B$ は，A, B のサイズが同じ場合にのみ計算でき，その (i, j) 成分は，A の (i, j) 成分と B の (i, j) 成分を加えたものとなる。たとえば，2次行列 $A = (a_{ij})_{2 \times 2}$ と $B = (b_{ij})_{2 \times 2}$ の和は以下のように計算できる。

$$\begin{pmatrix} a_{11} & a_{12} \\ a_{21} & a_{22} \end{pmatrix} + \begin{pmatrix} b_{11} & b_{12} \\ b_{21} & b_{22} \end{pmatrix} = \begin{pmatrix} a_{11} + b_{11} & a_{12} + b_{12} \\ a_{21} + b_{21} & a_{22} + b_{22} \end{pmatrix}$$

よって行列 A とゼロ行列 O の和 $A + O$ は A に等しくなる。また，以下のように，行列の和を求める場合，答えは足す順序にはよらないことを簡単に示すことができる（証明は省略する）。

$$A + B = B + A$$
$$(A + B) + C = A + (B + C)$$

次に数と行列の**積**について述べる。実数 x と行列 A との積 xA は，サイズが

A と等しく，行列 A の全成分を x 倍してできる行列として定義される．たとえば，2次行列 $A = (a_{ij})_{2\times 2}$ と実数 x との積は，以下のように計算できる．

$$xA = x\begin{pmatrix} a_{11} & a_{12} \\ a_{21} & a_{22} \end{pmatrix} = \begin{pmatrix} xa_{11} & xa_{12} \\ xa_{21} & xa_{22} \end{pmatrix}$$

以上の結果より，2つの数 x, y およびサイズの同じ2つの行列 $A = (a_{ij})_{m\times n}, B = (b_{ij})_{m\times n}$ が与えられた際，行列 $xA + yB$ はサイズが $m\times n$ であり，その (i,j) 成分は $xa_{ij} + yb_{ij}$ で与えられる．とくに，$-B = (-1)B$ より，行列の引き算 $A - B$ は A と $(-1)B$ の和として求められる．

前章において説明した n 次元ベクトルは，縦方向に n 個数字が並んだ $n\times 1$ 行列でもあり，ベクトルの計算規則は行列の計算規則の特殊例ととらえることができる．

例 4.5 2次行列同士の演算は以下のようにできる．

$$2\begin{pmatrix} 1 & 3 \\ 2 & 5 \end{pmatrix} - 3\begin{pmatrix} 1 & 4 \\ 0 & -1 \end{pmatrix} = \begin{pmatrix} 2-3 & 2\cdot 3 - 3\cdot 4 \\ 2\cdot 2 & 2\cdot 5 + 3\cdot 1 \end{pmatrix} = \begin{pmatrix} -1 & -6 \\ 4 & 13 \end{pmatrix}$$

4.3 行列同士の積

2つの行列どうしのかけ算は両行列の同じ位置にある成分同士をかけてできるものではない．本節ではこのかけ算を説明する．

4.3.1 特殊な場合

まず，横長の $1\times n$ 行列 $A = (a_{ij})_{1\times n}$ と，縦長の $n\times 1$ 行列 $B = (b_{ij})_{n\times 1}$ との積 AB を説明する．ここで A の列数と B の行数はともに n で等しいことに注意せよ．この場合，AB の値は A の第 k 列の成分 a_{1k} と B の第 k 行の成分 b_{k1} との積 $a_{1k}b_{k1}$ を1以上 n 以下の全番号 k について加えたものとなる．つまり以下の式が成り立つ．

$$AB = \begin{pmatrix} a_{11} & \cdots & a_{1n} \end{pmatrix} \begin{pmatrix} b_{11} \\ \vdots \\ b_{n1} \end{pmatrix} = \sum_{k=1}^{n} a_{1k} b_{k1}$$

たとえば，$A = (a_{11}\ a_{12})$, $B = \begin{pmatrix} b_{11} \\ b_{21} \end{pmatrix}$ の積は，以下のように計算できる．

$$\begin{pmatrix} a_{11} & a_{12} \end{pmatrix} \begin{pmatrix} b_{11} \\ b_{21} \end{pmatrix} = a_{11} b_{11} + a_{12} b_{21}$$

例 4.6 行列 $A = (1\ 2)$ と $B = \begin{pmatrix} 3 \\ 4 \end{pmatrix}$ の積は $AB = 1 \cdot 3 + 2 \cdot 4 = 11$ である．

4.3.2 一般的な積の演算規則

本節では，一般的なサイズの行列の積について説明する．2つの行列 A と B の積 AB は，かけられる行列 A の列数とかける行列 B の行数が等しい場合にのみ計算できる．そして，$m \times n$ 行列 A と $n \times p$ 行列 B の積 AB は $m \times p$ 行列であり，その (i, j) 成分は行列 A の第 i 行（$1 \times n$ 行列）と，行列 B の第 j 列（$n \times 1$ の行列）の積と等しい．この積は，前節で述べた演算規則を用いて計算できる．ここで，「A の第 i 行」の k 列目の成分は a_{ik} であり，「B の第 j 列」の k 行目の成分は b_{kj} であるから，その積 $a_{ik} b_{kj}$ を番号 k について加えたものが行列の積の値となる．まとめると

$$AB \text{ の } (i, j) \text{ 成分} = A \text{ の第 } i \text{ 行} \times B \text{ の第 } j \text{ 列} = \sum_{k=1}^{n} a_{ik} b_{kj}$$

と書ける．この値は行・列ベクトルを用いて $A_i \vec{b}_j$ とも表せる．

数と同様，行列同士の積にも分配法則や結合法則が成立する．

$$A(B + C) = AB + AC$$

$$(A + B)C = AC + BC$$

$$(AB)C = A(BC)$$

証明は脚注を参照してほしい*。数の累乗と同様に，行列の累乗も定義できる。例として 2 乗 $A^2 = A \times A$ を考える。積の最初の行列 (A) の行と次の行列 (A) の列が等しくないと計算できないため，累乗を計算できるのは正方行列のときのみである。正方行列 A を k 回かけることを A^k と表現する。

行列どうしの積は，かける順序を交換すると一般的に値は変わる。つまり PQ は QP とは異なる。PQ が計算できても QP は求められない場合もある。2つの行列 A, B について積 $AB = BA$ のとき，A と B は**可換**であるという。

例 4.7 2×2 行列 $P = \begin{pmatrix} a & b \\ c & d \end{pmatrix}$ と 2×2 行列 $Q = \begin{pmatrix} x & y \\ z & w \end{pmatrix}$ の積 PQ は

$$PQ = \begin{pmatrix} a & b \\ \hline c & d \end{pmatrix} \begin{pmatrix} x & y \\ z & w \end{pmatrix} = \begin{pmatrix} ax + bz & ay + bw \\ cx + dz & cy + dw \end{pmatrix}$$

となる。積の $(1,1)$ 成分は，P の第 1 行 $(a\ b)$ と Q の第 1 列 $\begin{pmatrix} x \\ z \end{pmatrix}$ の積である。一方積の順序を変えると，$QP = \begin{pmatrix} ax + cy & bx + dy \\ az + cw & bz + dw \end{pmatrix}$ となり，PQ と QP は一般的に違うものとなる。

4.3.3 単位行列との積

対角行列の中で，主対角線上に1が並ぶ行列 $\mathrm{diag}(1, 1, ..., 1)$ を**単位行列**とよび，E と表記する。サイズが $n \times n$ の単位行列を n **次単位行列**とよび E_n と表記する。2次単位行列は $E_2 = \begin{pmatrix} 1 & 0 \\ 0 & 1 \end{pmatrix}$ で与えられる。単位行列を $E_n = (e_{ij})_{n \times n}$ と成分表示すると，もし $i = j$ なら $e_{ij} = 1$ であり，それ以外なら $e_{ij} = 0$ とな

---

* **証明** 第1式については，$A(B+C)$ の (i,j) 成分は $A_i(\vec{b}_j + \vec{c}_j)$ であるが，これは AB の (i,j) 成分 $A_i\vec{b}_j$ と AC の (i,j) 成分 $A_i\vec{c}_j$ の和に等しい。よって示された。第2式も同様に示せる。第3式については，簡単のため，A, B, C が n 次行列であると仮定する（一般的な場合も同様である）。まず例として式の両辺の $(3,5)$ 成分が等しいことを示す。4 つの行列を $P = AB$, $Q = BC$, $X = PC$ そして $Y = AQ$ と定める。$P = AB$ の $(3,j)$ 成分は $p_{3j} = \sum_{i=1}^{n} a_{3i} b_{ij}$ であるので行列 $X = PC$ の $(3,5)$ 成分は $x_{35} = \sum_{j=1}^{n} p_{3j} c_{j5} = \sum_{j=1}^{n} (\sum_{i=1}^{n} a_{3i} b_{ij}) c_{j5}$ となる。同様に，Q の $(i,5)$ 成分は $q_{i5} = \sum_{j=1}^{n} b_{ij} c_{j5}$ であるので $Y = AQ$ の $(3,5)$ 成分は $y_{35} = \sum_{i=1}^{n} (\sum_{j=1}^{n} b_{ij} c_{j5}) a_{3i}$ となる。x_{35} も y_{35} も $a_{3i} b_{ij} c_{j5}$ の和をとっており，和の順序を変えても値は変わらないため等しくなる。同様のことは $(3,5)$ 成分以外のすべての成分についていえるため $X = Y$ となり題意は証明された。■

る。単位行列は，単位ベクトルを用いて $E_n = (\vec{e}_1, \vec{e}_2, ..., \vec{e}_n)$ と列ベクトル表記できる（たとえば $E_2 = \begin{pmatrix} 1 & 0 \\ 0 & 1 \end{pmatrix}$ は，$\vec{e}_1 = \begin{pmatrix} 1 \\ 0 \end{pmatrix}, \vec{e}_2 = \begin{pmatrix} 0 \\ 1 \end{pmatrix}$ を用いて $E_2 = (\vec{e}_1, \vec{e}_2)$ と表せる）。

ここで m 次単位行列 E_m と $m \times n$ 行列 A とのかけ算 $E_m A$ を考える。この場合，$E_m A$ の (i, j) 成分は，E_m の第 i 行と A の第 j 列の積であるが，E_m の第 i 行は i 列目の成分 (1) 以外すべて 0 であるから，その値は A の (i, j) 成分 a_{ij} となる。行列 $E_m A$ の (i, j) 成分と A の (i, j) 成分がつねに一致するということは両者が等しいということである。つまり $E_m A = A$ となる。

次に，かけ算の順序を変えて，A と n 次単位行列との積 AE_n を考える。行列 AE_n の (i, j) 成分は，A の第 i 行と E_n の第 j 列の積であるが，E_n の第 j 列 $\vec{e}_j$ は第 j 成分 (1) 以外すべて 0 であるため，値は a_{ij} と等しくなる。よって $AE_n = A$ となる。つまり単位行列を右からかけても左からかけても値を変えない。単位行列は数の世界における 1 に対応しており，文字通り行列の「単位」といえる。

例 4.8 2×2 行列 $A = \begin{pmatrix} a & b \\ c & d \end{pmatrix}$ に単位行列 E_2 を右からかけると

$$AE_2 = \begin{pmatrix} a & b \\ c & d \end{pmatrix} \begin{pmatrix} 1 & 0 \\ 0 & 1 \end{pmatrix} = \begin{pmatrix} a \cdot 1 + b \cdot 0 & a \cdot 0 + b \cdot 1 \\ c \cdot 1 + d \cdot 0 & c \cdot 0 + d \cdot 1 \end{pmatrix} = A$$

つまりもともとの行列 A と等しくなる。また単位行列を左からかけても

$$E_2 A = \begin{pmatrix} 1 & 0 \\ 0 & 1 \end{pmatrix} \begin{pmatrix} a & b \\ c & d \end{pmatrix} = \begin{pmatrix} 1 \cdot a + 0 \cdot c & 1 \cdot b + 0 \cdot d \\ 0 \cdot a + 1 \cdot c & 0 \cdot c + d \cdot 1 \end{pmatrix} = A$$

となる。まとめると $AE_2 = E_2 A = A$ となる。

4.3.4 行列とベクトルの積

本節では行列とベクトルの積について考える。n 次元ベクトルは，数が縦に n 個並んでいるという点で $n \times 1$ 行列とみなすことができるため，$m \times n$ 行列 A と n 次元ベクトル $\vec{x}$ の積 $A\vec{x}$ は計算可能であり，その値は $m \times 1$ 行列，つまり m 次元ベクトルとなる。ベクトル $A\vec{x}$ の第 i 成分は，A の第 i 行と $\vec{x}$ の積

$A_i \vec{x} = \sum_{j=1}^{m} a_{ij} x_j$ に等しい。つまり以下のように計算できる。

$$A\vec{x} = \begin{pmatrix} a_{11} & a_{12} & ... & a_{1n} \\ \vdots & \vdots & \vdots & \\ a_{m1} & a_{m2} & ... & a_{mn} \end{pmatrix} \begin{pmatrix} x_1 \\ x_2 \\ \vdots \\ x_n \end{pmatrix} = \begin{pmatrix} x_1 a_{11} + x_2 a_{12} + ... + x_n a_{1n} \\ \vdots \\ x_1 a_{m1} + x_2 a_{m2} + ... + x_n a_{mn} \end{pmatrix}$$

積 $A\vec{x}$ の値をよく見ると、A の第 j 列ベクトル $\vec{a}_j$ の x_j 倍 $x_j \vec{a}_j$ を $j=1,2,...,n$ について足したものであることがわかる。つまり以下の関係式が成り立つ。

$$A\vec{x} = \sum_{j=1}^{n} x_j \vec{a}_j$$

行列とベクトルとの積は、行列の列ベクトルの線形結合として表記できるのである。つまり対角行列 $\mathrm{diag}(a_1, a_2, ..., a_n)$ を n 次元ベクトル $\vec{x}$ にかけると、ベクトルの第 i 成分は a_i 倍される。すなわち以下の公式が成り立つ。

$$\mathrm{diag}(a_1, a_2, ..., a_n) \vec{x} = \sum_{i=1}^{n} a_i x_i \vec{e}_i$$

上で求められたベクトルの第 i 成分は $a_i x_i$ となる。とくに、単位行列 E と $\vec{x}$ の積 $E\vec{x}$ は $\vec{x}$ 自身と等しい。

例 4.9 2×3 行列 $A = \begin{pmatrix} a & b & c \\ d & e & f \end{pmatrix}$ と 3 次元ベクトル $\vec{p} = \begin{pmatrix} x \\ y \\ z \end{pmatrix}$ の積は以下のように計算できる。たしかに列ベクトルの線形結合となっている。

$$A\vec{p} = \begin{pmatrix} ax + by + cz \\ dx + ey + fz \end{pmatrix} = x \begin{pmatrix} a \\ d \end{pmatrix} + y \begin{pmatrix} b \\ e \end{pmatrix} + z \begin{pmatrix} c \\ f \end{pmatrix}$$

行列の積 AB の第 i 列は、A と B の第 i 列ベクトルとの積 $A\vec{b}_i$ で与えられる。つまり、

$$AB = (A\vec{b}_1, A\vec{b}_2, ..., A\vec{b}_n)$$

となる。

例 4.10 例 4.7 において，積 AB は $\left(A\begin{pmatrix}x\\z\end{pmatrix}, A\begin{pmatrix}y\\w\end{pmatrix}\right)$ と等しい。ここで，$\begin{pmatrix}x\\z\end{pmatrix}$, $\begin{pmatrix}y\\w\end{pmatrix}$ はそれぞれ B の第 1，第 2 列ベクトルである。

正方行列 A とベクトルの $\vec{x}$ の積 $A\vec{x}$ に，実数 b と $\vec{x}$ の積 $b\vec{x}$ を加えるとき，和 $A\vec{x} + b\vec{x}$ は，A が実数でないので $(A+b)\vec{x}$ とは書けないが，単位行列を用いて $b\vec{x} = bE\vec{x}$ と書けるから $(A+bE)\vec{x}$ とまとめることができる。

4.4 転置行列

$m \times n$ 行列 A の**転置行列** $A^\top$ とは，サイズが $n \times m$ でありその (x, y) 成分がもとの行列 A の (y, x) 成分に等しい行列のことである。転置行列は，もとの行列の行と列をひっくり返した行列といえる。たとえば，2×3 行列 $\begin{pmatrix}1&2&3\\4&5&6\end{pmatrix}$ の転置行列は $\begin{pmatrix}1&4\\2&5\\3&6\end{pmatrix}$ となる。正方行列 A の転置行列は，主対角線を軸に A を線対称移動させたものとなる。2 次行列の転置行列は以下のように求められる。

$$\begin{pmatrix} a & \boxed{b} \\ \boxed{x} & y \end{pmatrix}^\top = \begin{pmatrix} a & \boxed{x} \\ \boxed{b} & y \end{pmatrix}$$

転置を 2 回繰り返すと，もとの行列に戻る。つまり $(A^\top)^\top = A$ となる。転置の表記はベクトルにも用いる。第 i 成分が a_i で与えられる n 次元ベクトル $\vec{a}$ を転置したもの $\vec{a}^\top$ はサイズが $1 \times n$ の行列 $(a_1, a_2, ..., a_n)$ となる。本書では，$\vec{a}$ を $(a_1, a_2, ..., a_n)^\top$ と表記することがある（単位ベクトルを用いて $\vec{a} = \sum_{i=1}^n a_i \vec{e}_i$ と表す場合もある）。

2 つの n 次元ベクトル $\vec{a}$ と $\vec{b}$ の内積は，転置行列を用いて通常の積

$$\vec{a} \cdot \vec{b} = \vec{a}^\top \vec{b}$$

としても計算できる。転置行列同士のかけ算には以下の性質がある。

定理 4.1 $m \times n$ 行列 A と $n \times p$ 行列 B が与えられているとき，それらの転置行列 $A^\top, B^\top$ と，積 AB との間には以下の関係式が成立する．

$$(AB)^\top = B^\top A^\top$$

証明 行列 A の転置行列 $A^\top$ の第 i 行は，A の第 i 列ベクトルの転置 $(\vec{a}_i)^\top$ となる．$X = (AB)^\top$，$Y = B^\top A^\top$ とする．X の (i,j) 成分 x_{ij} は AB の (j,i) 成分と等しい．ここで，行列 A の第 j 行を A_j と書くと，$x_{ij} = A_j \vec{b}_i$ となる．一方 $Y = B^\top A^\top$ の (i,j) 成分 y_{ij} は $B^\top$ の第 i 行 $(\vec{b}_i)^\top$ と $A^\top$ の第 j 列 $(A_j)^\top$ との積 $(\vec{b}_i)^\top (A_j)^\top$ と等しくなる．簡単な計算により

$$x_{ij} = A_j \vec{b}_i = \sum_{k=1}^{n} a_{jk} b_{ki} = (\vec{b}_i)^\top (A_j)^\top = y_{ij}$$

となる．すべての i,j について $x_{ij} = y_{ij}$ となるため，$X = Y$ となる．■

例 4.11 行列 $B = (x\ y)$ と $C = \begin{pmatrix} a & b \\ c & d \end{pmatrix}$ の積は $BC = (ax+cy\quad bx+dy)$ である．一方 $C^\top$ と $B^\top$ の積は

$$C^\top B^\top = \begin{pmatrix} a & c \\ b & d \end{pmatrix} \begin{pmatrix} x \\ y \end{pmatrix} = \begin{pmatrix} ax+cy \\ bx+dy \end{pmatrix}$$

であり，たしかにこの行列は $(BC)^\top$ と一致する．

4.5 直交行列

正方行列 A とその転置行列 $A^\top$ との間に $A^\top A = E$ の関係があるとき，この行列を**直交行列**という．転置行列 $A^\top$ の第 i 行はもとの行列 A の第 i 列（ベクトル）$\vec{a}_i$ の転置行列 $(\vec{a}_i)^\top$ となる．よって行列 $A^\top A$ の (i,j) 成分は，行列 $A^\top$ の第 i 行と A の第 j 列の積 $(\vec{a}_i)^\top \vec{a}_j$ つまり内積 $\vec{a}_i \cdot \vec{a}_j$ と等しい．

行列 $A^\top A$ が単位行列になる場合，その (i,j) 成分 $\vec{a}_i \cdot \vec{a}_j$ は $i \neq j$ なら 0 と

なる。つまり相異なる列ベクトルは互いに**直交**している。これが直交行列の名前の由来である。なお，$A^\top A$ の (i,i) 成分は1であるため，$|\vec{a}_i|^2 = 1$ となる。直交行列とは，1) 列ベクトルの大きさが1であり，2) 互いに異なる列ベクトルが直交するという2つの性質を持つ。

例 4.12 2次行列 $S = \begin{pmatrix} 3/5 & 4/5 \\ 4/5 & -3/5 \end{pmatrix}$ は，その第1列ベクトル $\vec{s}_1$，第2列ベクトル $\vec{s}_2$ ともに大きさが1であり，その内積は $\vec{s}_1 \cdot \vec{s}_2 = \frac{3}{5} \cdot \frac{4}{5} + \frac{4}{5} \cdot \frac{-3}{5} = 0$ となるので直交行列である。

4.6 基本変形

本節では行列の成分をあるルールに基づき変更する作業について学ぶ。

4.6.1 定義

ある行列 A が与えられたとき，以下の3パターンからなる行列 A の成分の変更およびそれらの繰り返しをまとめて**基本変形**とよぶ。

第1基本変形 $P(k,m)$：第 k 行と第 m 行を交換する。ただし $k \neq m$。
第2基本変形 $Q(k,\alpha)$ $(\alpha \neq 0)$：第 k 行を α 倍する。
第3基本変形 $R(k,m,\alpha)$ $(\alpha \neq 0)$：第 k 行に第 m 行の α 倍を加える。

ここで $P(k,m)$，$Q(k,\alpha)$，$R(k,m,\alpha)$ は基本変形の略号である。第 k 行と第 m 行を交換するとは，k 行目の成分の並びと m 行目の成分の並びを完全に入れかえるということ，第 k 行を α 倍するとは，k 行目にある成分をすべて α 倍するということ，そして第 k 行に第 m 行の α 倍を加えるということは，行列の (k,i) 成分に (m,i) 成分の α 倍を足しあわせる作業をすべての列番号 i について行うことである。基本変形は行列のサイズを変えない。

行の並びを変更するこれらの変形は厳密には**行基本変形**とよばれる。本書では列に関する変形を扱わないため単に基本変形とよぶ。

例 4.13 2 次行列 $A = \begin{pmatrix} a & b \\ c & d \end{pmatrix}$ に，第 1 基本変形 $P(1,2)$，第 2 基本変形 $Q(2,3)$，第 3 基本変形 $R(1,2,3)$ をそれぞれ行うと，$\begin{pmatrix} c & d \\ a & b \end{pmatrix}$, $\begin{pmatrix} a & b \\ 3c & 3d \end{pmatrix}$, $\begin{pmatrix} a+3c & b+3d \\ c & d \end{pmatrix}$ となる。

基本変形は行単位で行い，列の位置関係を変えないので，基本変形により成分の値を変えることができるのは，その成分と同じ列にある成分のみである。よって行列 A が基本変形により行列 B になったとき，A の第 k 列ベクトルは同じ基本変形により B の第 k 列ベクトルとなる。また，行数の等しい 2 つの行列 A および B にある同じ基本変形を行った後の行列を $\hat{A}, \hat{B}$ とする。このとき，A, B を横に並べてできる行列 $C = (A, B)$ に同じ基本変形を行うと，$\hat{A}, \hat{B}$ を横に並べてできる行列 $(\hat{A}, \hat{B})$ となる。

一方，もし行列 A の第 k 列の成分がすべて 0 ならば，基本変形をかけた後の行列の第 k 列にもすべて 0 が並ぶ。たとえば，2 列目がすべて 0 の 2 次行列 $\begin{pmatrix} 2 & 0 \\ 3 & 0 \end{pmatrix}$ に，基本変形 $R(2,1,4)$ を行うと $\begin{pmatrix} 2 & 0 \\ 11 & 0 \end{pmatrix}$ となり，第 2 列には 0 が並ぶ。

例 4.14 行列 $A = \begin{pmatrix} a & b \\ c & d \end{pmatrix}$ と $B = \begin{pmatrix} p \\ q \end{pmatrix}$ に，基本変形 $R(2,1,1)$ を行うとそれぞれ $\hat{A} = \begin{pmatrix} a & b \\ c+a & d+b \end{pmatrix}$, $\hat{B} = \begin{pmatrix} p \\ q+p \end{pmatrix}$ となる。このとき，行列 $C = (A, B) = \begin{pmatrix} a & b & p \\ c & d & q \end{pmatrix}$ に同じ変形を行うと $\hat{C} = \begin{pmatrix} a & b & p \\ c+a & d+b & q+p \end{pmatrix}$ となり，これは $(\hat{A}, \hat{B})$ と等しい。

4.6.2 基本変形の可逆性

行列 A をある基本変形により行列 B にしたとする。このとき，別の基本変形により，必ず B を A に戻すことができる。これを基本変形の**可逆性**，そしてもとに戻す基本変形を「逆」と表現する。具体的には次の通りである。

1) 第 1 基本変形 $P(k,m)$ の逆はそれと同じく $P(k,m)$
2) 第 2 基本変形 $Q(k,\alpha)$ の逆は第 2 基本変形 $Q(k,1/\alpha)$
3) 第 3 基本変形 $R(k,m,\alpha)$ の逆は第 3 基本変形 $R(k,m,-\alpha)$

たとえば，行列 A に第 1 基本変形 $P(1,2)$ を行うと，A の第 1 行と第 2 行

が交換される．同じ変形 $P(1,2)$ をもう一度行うと，両行が再度交換され，元に戻る．また，第 2 基本変形 $Q(2,2)$ により A の第 2 行は倍になるが，基本変形 $Q(2,1/2)$ を行い第 2 行を 2 で割ればもとに戻る．さらに A に第 3 基本変形 $R(2,1,3)$ を行うと，第 2 行には第 1 行の 3 倍が足されるが，第 1 行には変化がなく，第 2 行から第 1 行の 3 倍を引く基本変形 $R(2,1,-3)$ によりもとに戻る．

例 4.15 以下の 2 次行列 A に対し，基本変形 $R(2,1,3)$ およびその逆 $R(2,1,-3)$ を行うともとの行列 A に戻る．

$$A = \begin{pmatrix} a & b \\ c & d \end{pmatrix} \xrightarrow{R(2,1,3)} \begin{pmatrix} a & b \\ c+3a & d+3b \end{pmatrix} \xrightarrow{R(2,1,-3)} \begin{pmatrix} a & b \\ c & d \end{pmatrix} = A$$

4.7 1 次 変 換

本節では，2 次行列と 2 次元ベクトルの積の意味を平面上で図形的に考える方法を説明する．

4.7.1 行列によるベクトルの移動

定数 a,b,c,d があたえられているとき，2 次元ベクトル $\vec{v} = \begin{pmatrix} x \\ y \end{pmatrix}$ を別の 2 次元ベクトル $\vec{v}' = \begin{pmatrix} ax+by \\ cx+dy \end{pmatrix}$ に移す変換 f を **1 次変換** とよぶ．$\vec{v}'$ は，2 次行列 $A = \begin{pmatrix} a & b \\ c & d \end{pmatrix}$ を用いて $\vec{v}' = A\vec{v}$ と書けるため，変換 f を，行列 A により表現される 1 次変換とよぶ．A を f の表現行列という．

第 2 章で学んだが，ベクトル $\vec{v} = \begin{pmatrix} x \\ y \end{pmatrix}$ は単位ベクトル $\vec{e}_1 = \begin{pmatrix} 1 \\ 0 \end{pmatrix}$ と $\vec{e}_2 = \begin{pmatrix} 0 \\ 1 \end{pmatrix}$ の線形結合 $\vec{v} = x\vec{e}_1 + y\vec{e}_2$ として書ける．一方，$\vec{v}'$ は，A の列ベクトル $\vec{a}_1, \vec{a}_2$ を用いて $\vec{v}' = x\vec{a}_1 + y\vec{a}_2 = x\begin{pmatrix} a \\ c \end{pmatrix} + y\begin{pmatrix} b \\ d \end{pmatrix}$ と書ける．行列 A によって表現される 1 次変換とは，単位となるベクトルを $\{\vec{e}_1, \vec{e}_2\}$ から A の列ベクトル $\{\vec{a}_1, \vec{a}_2\}$ に変更することといえる．

例 4.16 図 4.1 で,$\vec{a},\vec{b}$ は行列 $A = \begin{pmatrix} 2 & 1 \\ 1 & 3 \end{pmatrix}$ の列ベクトルである。行列 A により表される 1 次変換により,点 P の位置ベクトル $\vec{p} = \begin{pmatrix} 2 \\ 2 \end{pmatrix}$ は,行列 A の列ベクトルの線形結合 $\vec{q} = A\vec{p} = 2\begin{pmatrix} 2 \\ 1 \end{pmatrix} + 2\begin{pmatrix} 1 \\ 3 \end{pmatrix} = \begin{pmatrix} 6 \\ 8 \end{pmatrix}$ に移る。$\vec{q}$ は図において点 $Q(6,8)$ の位置ベクトルとなっている。

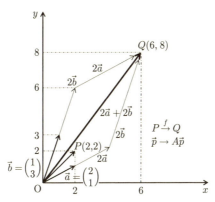

図 4.1 1 次変換の図形的意味

たとえば行列 A が対角行列 $\begin{pmatrix} a & 0 \\ 0 & b \end{pmatrix}$ の場合,$\vec{v}' = \begin{pmatrix} ax \\ by \end{pmatrix}$ となる。この変換は,ベクトルの x 成分を a 倍,y 成分を b 倍する**拡大変換**である。とくに $a = b = 1$ のとき,この変換はベクトルをそれ自身に移す**恒等変換**であり,この変換を表す行列は単位行列 $E = \begin{pmatrix} 1 & 0 \\ 0 & 1 \end{pmatrix}$ である。

ここで,行列 A の列ベクトルが互いに平行であったとする。たとえば $\vec{a}_1 = 2\vec{a}_2$ とすると,行列 A で表せる 1 次変換により,ベクトル $\vec{v} = \begin{pmatrix} x \\ y \end{pmatrix}$ は $\vec{v}' = A\vec{v} = x\vec{a}_1 + y\vec{a}_2 = (x + 2y)\vec{a}_1$ に移る。つまり,$\vec{v}'$ はつねに $\vec{a}_1$ に平行になる。一般的に 1 次変換を示す行列の列ベクトルが平行のとき,平面上の点は,すべて原点を通る 1 つの直線上の点に移る。

4.7.2 回転移動と対称移動を示す行列

角度を示す実数 θ に対し,行列

$$R(\theta) = \begin{pmatrix} \cos\theta & -\sin\theta \\ \sin\theta & \cos\theta \end{pmatrix}$$

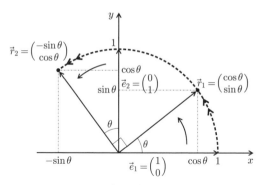

図 4.2 回転行列の列ベクトル

で表される 1 次変換を考えよう．行列 $R(\theta)$ の列ベクトル $\vec{r}_1 = \begin{pmatrix} \cos\theta \\ \sin\theta \end{pmatrix}, \vec{r}_2 = \begin{pmatrix} -\sin\theta \\ \cos\theta \end{pmatrix}$ を用いるとベクトル $\vec{v} = \begin{pmatrix} x \\ y \end{pmatrix}$ は $\vec{v}' = A\vec{v} = x\vec{r}_1 + y\vec{r}_2$ に移る．2 つの列ベクトル $\vec{r}_1, \vec{r}_2$ は大きさが 1 である．また $\vec{r}_1 \cdot \vec{r}_2 = 0$ より互いに直交する．図 4.2 はこれらの列ベクトルを表記したものである．図からもわかるように，$\vec{r}_1$ は第 1 単位ベクトル $\vec{e}_1 = \begin{pmatrix} 1 \\ 0 \end{pmatrix}$ を角度 θ だけ，そして $\vec{r}_2$ は第 2 単位ベクトル $\vec{e}_2 = \begin{pmatrix} 0 \\ 1 \end{pmatrix}$ を角度 θ だけ回転させたものである．つまり，$\vec{v}' = A\vec{v} = x\vec{r}_1 + y\vec{r}_2$ は，もとのベクトル $\vec{v} = x\vec{e}_1 + y\vec{e}_2$ を角度 θ だけ回転させたものとなる．

例 4.17 45 度の回転を示す行列 $R(45°) = \begin{pmatrix} 1/\sqrt{2} & -1/\sqrt{2} \\ 1/\sqrt{2} & 1/\sqrt{2} \end{pmatrix}$ の行列の表す 1 次変換により，点 $\begin{pmatrix} 3 \\ 5 \end{pmatrix}$ は $3\begin{pmatrix} 1/\sqrt{2} \\ 1/\sqrt{2} \end{pmatrix} + 5\begin{pmatrix} -1/\sqrt{2} \\ 1/\sqrt{2} \end{pmatrix} = \begin{pmatrix} -\sqrt{2} \\ 4\sqrt{2} \end{pmatrix}$ に移る．こ こで，$\begin{pmatrix} 1/\sqrt{2} \\ 1/\sqrt{2} \end{pmatrix}$ は北東方向，そして $\begin{pmatrix} -1/\sqrt{2} \\ 1/\sqrt{2} \end{pmatrix}$ は北西方向のベクトルである．つまりベクトル $\begin{pmatrix} -\sqrt{2} \\ 4\sqrt{2} \end{pmatrix}$ は北東方向に 3 そして北西方向に 5 だけ進んだ点の位置を指すベクトルである．

この行列を用いると，いわゆる三角比に関する**加法定理**を示すことができる．2 つの回転行列 $R(\alpha)$ と $R(\beta)$ との積 $S = R(\alpha)R(\beta)$ で表される 1 次変換を考える．この 1 次変換によりベクトル $\vec{v}$ は $\vec{v}' = S\vec{v} = R(\alpha)(R(\beta)\vec{v})$ に移る．行列 $R(\beta)$ で示される 1 次変換によりベクトルは角度 β だけ回転し，その後さらに $R(\alpha)$ をかけたら角度がさらに α だけ回転するので，$\vec{v}'$ はもとのベクトルを角度

$\alpha+\beta$ だけ回転させたものである。ここで,もとのベクトルを角度 $\alpha+\beta$ だけ回転させる 1 次変換を表す行列は $R(\alpha+\beta)$ であるから,$R(\alpha+\beta) = S = R(\alpha)R(\beta)$ となる。この関係を行列で表記すると

$$\begin{pmatrix} \cos(\alpha+\beta) & -\sin(\alpha+\beta) \\ \sin(\alpha+\beta) & \cos(\alpha+\beta) \end{pmatrix} = \begin{pmatrix} \cos\alpha & -\sin\alpha \\ \sin\alpha & \cos\alpha \end{pmatrix} \begin{pmatrix} \cos\beta & -\sin\beta \\ \sin\beta & \cos\beta \end{pmatrix}$$

である。上の式の右辺の行列の積を計算し左辺と右辺の $(1,1)$ 成分と $(2,1)$ 成分を比較すると加法定理を得る。

$$\cos(\alpha+\beta) = \cos\beta\cos\alpha - \sin\beta\sin\alpha$$
$$\sin(\alpha+\beta) = \sin\beta\cos\alpha + \sin\alpha\cos\beta$$

次に,y 軸に関して点を線対称移動させる 1 次変換 f を表す行列を求める。この変換により,点 y 座標は変わらず x 座標のみ符号が反対になる。つまり f によりベクトル $\vec{v} = \begin{pmatrix} x \\ y \end{pmatrix}$ は $\vec{v}' = \begin{pmatrix} -x \\ y \end{pmatrix}$ に移る。f を表現する行列を $A = \begin{pmatrix} a & b \\ c & d \end{pmatrix}$ とすると,

$$\begin{pmatrix} -x \\ y \end{pmatrix} = \begin{pmatrix} a & b \\ c & d \end{pmatrix}\begin{pmatrix} x \\ y \end{pmatrix} = \begin{pmatrix} ax+by \\ cx+dy \end{pmatrix}$$

となる。よって $a=-1, b=0, c=0, d=1$ つまり $A = \begin{pmatrix} -1 & 0 \\ 0 & 1 \end{pmatrix}$ となる。同様に,x 軸に関して点を線対称移動させる 1 次変換 g により,$\vec{v} = \begin{pmatrix} x \\ y \end{pmatrix}$ は $\vec{v}' = \begin{pmatrix} x \\ -y \end{pmatrix}$ に移るので,g を表現する行列は $\begin{pmatrix} 1 & 0 \\ 0 & -1 \end{pmatrix}$ となる。

章末問題

問題 4.1 以下の行列 B および D を考える。

$$B = \begin{pmatrix} 5 & -1 & 4 \\ 0 & 3 & 2 \end{pmatrix},\quad D = \begin{pmatrix} 1 & 8 \\ 0 & 0 \end{pmatrix}$$

かけ算 BD, DB のうち計算できるのはどちらか? またその積を計算せよ。

問題 4.2 回転を示す行列 $R(\theta)$ が直交行列になることを示せ。また,2 つの回転行列 $R(\alpha)$ と $R(\beta)$ が可換であることを示せ。

問題 4.3 直線 $y = x$ そして $y = \sqrt{3}x$ を軸に点を線対称移動させる 1 次変換を示す行列をそれぞれ求めよ。

問題 4.4 3 次行列 $A = (a_{ij})_{3\times 3}$ の (i,j) 成分が, $a_{ij} = (i+1)(j-2)$ で与えられるときこの行列を求めよ。$\mathrm{tr}(A)$ を計算せよ。

問題 4.5 2 次行列 $A = (a_{ij})_{2\times 2}$ は, どんな 2 次行列 B についても, $BA = O$ となる。このような A がゼロ行列以外にあるか考えよ。

問題 4.6 2 次行列 $S = \begin{pmatrix} 3-x & 2+x \\ 8 & 7+2x \end{pmatrix}$ がその転置行列 $S^\top$ と一致するとき, x の値を計算せよ。

問題 4.7 2 次行列 $S = \begin{pmatrix} 1 & 2 \\ 1 & 1 \end{pmatrix}$ について, 第 1 基本変形 $P(1,2)$, 第 2 基本変形 $Q(2,4)$ そして第 3 基本変形 $R(2,1,5)$ を行え。また, 基本変形を繰り返し, S を単位行列 $\begin{pmatrix} 1 & 0 \\ 0 & 1 \end{pmatrix}$ にせよ。

問題 4.8 n 次行列 A, B がある。A の第 k 行の成分がすべて 0 のとき, 積 AB の第 k 行の成分がすべて 0 となることを証明せよ。

問題 4.9 対角行列 $A = \mathrm{diag}(a_1, a_2, ..., a_n)$ の累乗 A^k が $\mathrm{diag}(a_1^k, a_2^k, ..., a_n^k)$ で与えられることを数学的帰納法を用いて示せ。

問題 4.10 n 次元ベクトル $\vec{v}$ と n 次行列 A があるとき, n 次元ベクトル $A\vec{v}$ の大きさの 2 乗 $|A\vec{v}|^2$ が $\vec{v}^\top (A^\top A)\vec{v}$ で与えられることを示せ。

問題 4.11 大きさが 1 の 2 次元ベクトル $\vec{v}$ と行列 $A = \begin{pmatrix} 1 & \sqrt{3} \\ -\sqrt{3} & 1 \end{pmatrix}$ についてベクトル $A\vec{v}$ の大きさの 2 乗 $|A\vec{v}|^2$ の最大値と最小値を求めよ。

問題 4.12 n 次単位行列 E の第 i 列と第 j 列を交換してできる行列を $\hat{P}(i,j)$, E の主対角線上にある (i,i) 成分を 1 から実数 x にかえてできる行列を $\hat{Q}(i,x)$, そして E の (i,j) 成分 0 を実数 x にかえてできる行列を $\hat{R}(i,j,x)$ とする。n 次行列 A に基本変形 $P(i,j)$, $Q(i,x)$, そして $R(i,j,x)$ を行ってできる行列はそれぞれ $\hat{P}(i,j)A$, $\hat{Q}(i,x)A$, $\hat{R}(i,j,x)A$ となることを示せ。なおこれらの行列を**基本行列**と呼ぶ。

章末問題

問題 4.13 平面上の 2 点 A, B の位置ベクトルをそれぞれ $\vec{a} = \begin{pmatrix} 2 \\ 1 \end{pmatrix}$, $\vec{b} = \begin{pmatrix} 1 \\ 4 \end{pmatrix}$ とする。行列 $\begin{pmatrix} 2 & 5 \\ 1 & 3 \end{pmatrix}$ で示される 1 次変換により，線分 AB 上の点はどこに移るか答えなさい。

問題 4.14 行列 $\begin{pmatrix} 1 & 3 \\ 4 & 12 \end{pmatrix}$ で表される 1 次変換により，平面上の点はある直線上に移る。この直線の方程式を求めよ。

問題 4.15 n 次行列 A と第 i 単位ベクトルとの積が A の第 i 列ベクトルになることを示せ。

第 5 章
行 列 式

　前章では，四則演算の内，行列同士の和，差，積は説明したが，割り算の説明はまだであった．行列同士の「割り算」は，実は連立方程式を解くのに極めて重要な概念であるが，それを定義するには，与えられた行列に対して，「逆数」となる行列を定義する必要がある．この逆数は行列の世界では逆行列と呼ばれるが，この逆行列は，行列の成分に依存した行列式と呼ばれる数式を用いて表現される．本章ではこの行列式について学び，次章での逆行列の勉強に備える．

5.1 行列式の定義

　行列式とは，ある規則のもとに正方行列 A の各成分をかけたり足したり引いたりしてできる数である．本書では行列 A の行列式を $|A|$ と表現する．これから，行列式の計算方法を次数の低い順から説明していく．まず $A = (a_{11})$ が 1 次行列の場合，$|A|$ はその唯一の成分 a_{11} と等しい．以下では，n 次行列 A の行列式を，それより次数が 1 だけ小さい $n-1$ 次行列の行列式を用いて表現する方法について説明する．

　本書では，n 次行列 A に対し，A の第 i 行，第 j 列にある成分をすべて取り除いて残った成分を合わせてできる $n-1$ 次行列を A_{ij}^* と書く．そしてその行列の行列式と (-1) の $i+j$ 乗との積 $(-1)^{i+j}|A_{ij}^*|$ を，行列 A の**余因子**または (i,j) 余因子とよび，A_{ij} と書く．以下では行列式を余因子を用いて説明する．なお本書では，行列の (i,j) 余因子を，(i,j) 成分に**対応する**余因子とよぶ．

　例 5.1　2 次行列 $A = \begin{pmatrix} a_{11} & a_{12} \\ a_{21} & a_{22} \end{pmatrix}$ に対し，A_{11}^* は A の第 1 行，第 1 列を除いてできる 1 次行列 (a_{22}) である．余因子 A_{11} はその行列の行列式 a_{22} と

5.1 行列式の定義

$(-1)^{1+1} = 1$ との積であり,$A_{11} = a_{22}$ となる。また余因子 A_{12} は,A から第 1 行と第 2 列を除いた行列 (a_{21}) の行列式 a_{21} と $(-1)^{1+2} = -1$ との積つまり $-a_{21}$ となる。同様に $A_{21} = -a_{12}, A_{22} = a_{11}$ となる。

n 次行列 $A = (a_{ij})$ の**行列式** $|A|$ は,すでに述べたように次数 n が 1 のとき,a_{11} に等しい。そして $n \geq 2$ のとき,以下のように定義される。

$$|A| = \sum_{j=1}^{n} a_{1j} A_{1j} = a_{11} A_{11} + a_{12} A_{12} + ... + a_{1n} A_{1n}.$$

つまり,行列式とは,1 行目の各成分 $a_{11}, a_{12}, ..., a_{1n}$ とそれに対応する余因子の積の和に等しくなっている。この定義では,n 次行列の行列式を,それより次数が 1 小さい行列の行列式を用いて表現している。つまり定義を繰り返し用いることで,最終的に行列式を次数が 1 の行列の行列式のみを用いて表現できる。1 次行列の行列式は成分そのものなので,どんな次数の行列式も計算できる。これは,漸化式により数列の一般項を求める方法と似ている。

この定義を使い,2 次行列 $A = \begin{pmatrix} a_{11} & a_{12} \\ a_{21} & a_{22} \end{pmatrix}$ の行列式を求めよう。定義より $|A| = a_{11} A_{11} + a_{12} A_{12}$ であるが,例 5.1 で求めた余因子の値 $A_{11} = a_{22}$,$A_{12} = -a_{21}$ を代入し $|A| = a_{11} a_{22} - a_{12} a_{21}$ となる。簡単に書くと,

$$\begin{vmatrix} a & b \\ c & d \end{vmatrix} = ad - bc$$

となる。2 次行列の行列式は,左上の成分と右下の成分の積から,右上と左下の成分の積を引いたものとなるのである。2 次行列の行列式の計算方法がわかったので,最初の定義式を使って 3 次行列の行列式も計算できる。

例 5.2 以下のような 3 次行列を考える。

$$A = \begin{pmatrix} 1 & -1 & 4 \\ 2 & 1 & 3 \\ 0 & 1 & 4 \end{pmatrix}$$

$|A| = a_{11} A_{11} + a_{12} A_{12} + a_{13} A_{13}$ と表せ,$A_{11} = \begin{vmatrix} 1 & 3 \\ 1 & 4 \end{vmatrix} = 1$,$A_{12} = -\begin{vmatrix} 2 & 3 \\ 0 & 4 \end{vmatrix} = -8$ そして $A_{13} = \begin{vmatrix} 2 & 1 \\ 0 & 1 \end{vmatrix} = 2$ であるため,$|A| = 17$ となる。

上の公式を用いて，単位行列 $E_n = (e_{ij})_{n \times n}$ の行列式を計算しよう．定義より 1 次単位行列 $E_1 = (1)$ の行列式は 1 である．次に，n 次単位行列 E_n の第 1 行の成分 $e_{11}, e_{12}, ..., e_{1n}$ は第 1 列の成分 $e_{11} = 1$ 以外すべて 0 であり，また E_n から第 1 行と第 1 列を除いてできる行列は $n-1$ 次単位行列 E_{n-1} となる．よって E_n の (i,j) 余因子を $(E_n)_{ij}$ とかくと

$$|E_n| = \sum_{j=1}^{n} e_{1j}(E_n)_{1j} = e_{11}(E_n)_{11} = |E_{n-1}|$$

となる．つまり単位行列の行列式は，それより次数の 1 小さい単位行列の行列式と等しい．ここで $|E_1| = 1$ であるから $|E_n| = |E_{n-1}| = \cdots = |E_1| = 1$ となり，値はつねに 1 となる．

上と同じ議論により，対角行列の行列式が主対角成分の積であることも示すことができる．たとえば $\begin{vmatrix} a & 0 \\ 0 & b \end{vmatrix} = ab$ となる．

行列式の公式より，第 1 行の成分がすべて 0 であるような行列，つまり $a_{11} = a_{12} = \cdots = a_{1n} = 0$ となるような行列の行列式は，余因子によらず 0 となることがわかる．たとえば $\begin{vmatrix} 0 & 0 \\ 2 & 3 \end{vmatrix} = 0$ となる．

5.2 転置および基本変形と行列式

本節では，行列式に関する以下の定理を説明する（証明は 5.3.3 項参照）．

定理 5.1 正方行列の行列式はその転置行列の行列式と等しい．一方基本変形と行列式との間には以下の性質が成立する．

第 1 基本変形：行列 A のある行と別の行を交換してできる行列の行列式の値は (-1) 倍になる．

第 2 基本変形：行列 A のある行を α 倍してできる行列の行列式はもとの行列式の α 倍になる．

第 3 基本変形：行列 A のある行に別の行の実数倍を加えた行列の行列式の値はもとの行列式と変わらない．

例 5.3 行列 $A = \begin{pmatrix} a & c \\ b & d \end{pmatrix}$ に対し転置行列 $A^\top = \begin{pmatrix} a & b \\ c & d \end{pmatrix}$, A の 1 行目と 2 行目を交換した行列 $B = \begin{pmatrix} b & d \\ a & c \end{pmatrix}$, A の 2 行目を 4 倍した行列 $C = \begin{pmatrix} a & c \\ 4b & 4d \end{pmatrix}$, そして A の 2 行目の 3 倍を 1 行目に加えた行列 $D = \begin{pmatrix} a+3b & c+3d \\ b & d \end{pmatrix}$ を考える。この場合, $|A| = ad - bc$, $|A^\top| = |A|$, $|B| = -|A|$, $|C| = 4|A|$ そして $|D| = |A|$ となる。

以下では，定理 5.1 を用いて，行列式に関するいくつかの性質を示す。まずこの定理より，基本変形を行った際，行列の行列式が 0 であるか否かの性質は変わらないことがわかる。つまりある行列 A に基本変形をかけたあとの行列を B とすると，$|A| = 0$ なら $|B| = 0$ で，$|A| \neq 0$ なら $|B| \neq 0$ である。なお，定理を用いて，行列式を簡単に計算できる場合がある（章末問題を参照）。

また，2 つの行の数の並びが一致する行列 B の行列式は 0 になることもわかる。なぜなら並びが一致する 2 つの行を交換した行列を C とすると，定理 5.4 より $|B| = -|C|$ であるが，両行列は同じだから $|B| = |C|$ となる。よって $|B| = 0$ となる（同じことは列についてもいえる）。

例 5.4 2 次行列 $\begin{pmatrix} a & b \\ a & b \end{pmatrix}$ の行列式は $\begin{vmatrix} a & b \\ a & b \end{vmatrix} = ab - ab = 0$ を満たす。

さらに，ある行の成分がすべて 0 であるような行列の行列式が 0 になることもわかる。たとえば第 k 行の成分が 0 である場合，第 1 基本変形 $P(1, k)$ により第 1 行の成分が 0 となるが，5.1 節で学んだように，このような行列の行列式は 0 になる。基本変形は行列式が 0 かどうかの性質を変えないため，もとの行列式も 0 である。転置しても行列式の値は変わらないので，ある列の成分がすべて 0 であるような行列の行列式も 0 となる。

例 5.5 2 行目に 0 がならぶ行列 $\begin{pmatrix} a & b \\ 0 & 0 \end{pmatrix}$ の行列式は $a \cdot 0 - b \cdot 0 = 0$ である。一方，2 列目に 0 がならぶ行列 $\begin{pmatrix} p & 0 \\ q & 0 \end{pmatrix}$ の行列式も 0 である。

次節で定理 5.1 を，転倒数という考え方を用いて証明する。なお，転倒の考

え方はやや複雑であり，この定理を所与として次章に進んでも問題ない。

5.3 転倒数（発展）

本節では，行列式を別の方法で表現できることを示す。そしてその表現を用いて定理 5.1 を示す。

5.3.1 置換と転倒数

計 n 個の数字を左から右に並べた列 $(a_1, a_2, ..., a_n)$ があったとき，この並びを替えることを**置換**とよぶ。たとえば数列 $(1, 2, 3, 4)$ において 2 と 3 の順序を入れ替えて列 $(1, 3, 2, 4)$ を作ることは置換の一種である。以下では並び替えをまったく行わないことも置換（**恒等置換**）の一種と考える。

以下では，1 から n までの数が並んだ順列 $(1, 2, 3, ..., n-1, n)$ を置換した列すべてからなる集合を S_n，そしてその要素を $p = (p_1, p_2, ..., p_n)$ と表記する。置換は $n! = 1 \times 2 \times ... \times n$ 種類あるため，S_n の構成要素は $n!$ 個ある。

例 5.6 数列 $(1, 2, 3)$ を置換してできる数列からなる集合 S_3 は

$$S_3 = \{(1,2,3), (1,3,2), (2,1,3), (2,3,1), (3,1,2), (3,2,1)\}$$

となりその構成要素の数は $6 = 3!$ 個である。

互いに異なる n 個の数の順列 $p = (p_1, p_2, ..., p_n)$ のうち，2 つの数字を左右の位置関係位置を変えることなく取り出してできる数の組は (p_1, p_2), $(p_1, p_3), ..., (p_{n-1}, p_n)$ の計 $\frac{(n-1)n}{2}$ 通りある。それらのうち，左側の数字が右側の数字より大きい組があるとき，その組は**転倒**しているという。そして転倒している組の数を順列 p の**転倒数**とよび $\sigma(p)$ と表す。

例 5.7 順列 $(2, 1, 3)$ の 3 つの数字から 2 つを位置を変えずに選ぶ組み合わせは $(2, 1), (2, 3), (1, 3)$ の 3 組ある。この内，転倒している組は，$(2, 1)$ の 1 組である。つまり転倒数は $\sigma(2, 1, 3) = 1$ となる。

5.3 転倒数（発展）

これから転倒数に関するいくつかの性質を示す。まず，ある順列の転倒数と，その順列の一番左側の数を除いてできる順列との間の関係式を示す。

定理 5.2 1 から n までの計 n 個の数字の列 $(1,2,3,...,n)$ を並び替えてできる順列 $p = (p_1, p_2, p_3, ..., p_n)$ に対して以下の式が成立する。
$$\sigma(p_1, p_2, p_3, ..., p_n) = p_1 - 1 + \sigma(p_2, p_3, ..., p_n)$$

証明 $\sigma(p)$ は，順序 p から p_1 を含むように 2 つ数を選んでできる組 $S = \{(p_1, p_2), (p_1, p_3), ..., (p_1, p_n)\}$ において転倒関係にある組の数と p から最初の数 p_1 を除いてできる順列 $(p_2, ..., p_n)$ の転倒数 $\sigma(p_2, ..., p_n)$ との和に等しい。ここで p は n 個の数の列 $(1,2,3,...,n)$ を置換したものであるから，$n-1$ 個の数 $p_2, p_3, ..., p_n$ の中で p_1 より小さい数は $p_1 - 1$ 個だけある。よって S の中で転倒関係にある組の数は $p_1 - 1$。つまり上の式が成立する。 ∎

次に，順列の中の 2 成分を交換したとき，転倒数の差は奇数になることを示す。

定理 5.3 順列 $p = (p_1, p_2, ..., p_n)$ に対し，p の i 番目の数 p_i と j 番目の数 p_j を入れ替えてできる順列 p' を考える。この 2 つの順列の転倒数の差 $\sigma(p) - \sigma(p')$ は奇数である。

証明 $i < j$ としても一般性を失わない。順列 p から 2 つ選んでできる数の組の中で，入れ替えにより転倒関係に変化が起こる組は (p_i, p_k) および (p_k, p_j)（ただし $k = i+1, i+2, ..., j-1$）そして (p_i, p_j) の合計 $2(j-i-1)+1$ 組ある。これは奇数であるので，$\sigma(p) - \sigma(p')$ も奇数となる。 ∎

5.3.2 転倒数と行列式の関係

本節では，行列式を転倒数を用いても表現できることを示す。なお以下では順列 p の転倒数 $\sigma(p)$ について $(-1)^{\sigma(p)}$ を $\mathrm{sgn}(p)$ と表現する。この値は転倒数

が偶数のとき $+1$ の値を，奇数のとき -1 の値をとる．たとえば $\mathrm{sgn}(2,1) = -1$ となる．

定理 5.4 自然数 n に対し順列 $(1, 2, ..., n)$ の置換を $p = (p_1, p_2, ..., p_n)$ とする．n 次行列の行列式は以下のように書ける．

$$|A| = \sum_{p \in S_n} \mathrm{sgn}(p) a_{1p_1} a_{2p_2} ... a_{np_n}$$

証明 上式の右辺の値を x と書き，数学的帰納法により $|A|$ と x が等しいことを示す．まず $n = 1$ のとき，成分が 1 つしかないので転倒関係はなく $\sigma(1) = 0$ となる．よって $x = a_{11} = |A|$ となる．次に，ある数 $k \geq 2$ について，次数が $n = k - 1$ のとき $x = |A|$ と仮定して $n = k$ のときを考える．今，ある番号 i について，x の中で $p_1 = i$ $(1 \leq i \leq k)$ となるような置換に限り和を計算した際の値を x_i とすると，$x = \sum_{i=1}^{k} x_i$ となる．また，順列 $p' = (p_2, p_3, ..., p_k)$ は $k - 1$ 個の数の列 $(1, ..., i-1, i+1, ..., k)$ の置換である．この集合を S' とすると，定理 5.1 より $\sigma(i, p') = i - 1 + \sigma(p')$ であるから

$$x_i = a_{1i}(-1)^{i+1} \sum_{p' \in S'} \mathrm{sgn}(p') a_{2p_2} ..., a_{kp_k}$$

と書ける．帰納法の仮定より，上式の項 $\sum \mathrm{sgn}(p') a_{2p_2} ... a_{kp_k}$ は，行列 A から第 1 行および第 i 列を除いた $k - 1$ 次行列の行列式 $|A_{1i}^*|$ と同じ．つまり $x_i = a_{1i}(-1)^{i+1} |A_{1i}^*| = a_{1i} A_{1i}$ となる．よって $x = \sum_{i=1}^{k} x_i = \sum_{i=1}^{k} a_{1i} A_{1i}$ となるが，この値は $|A|$ に等しい．よって $n = k$ のときも $x = |A|$ となる．∎

ここで定理 5.3 における成分の積 $a_{1p_1} a_{2p_2} ... a_{np_n}$ に着目する．まず各成分の行番号を見ると，各行から 1 個ずつ成分を選び出しているということがわかる．次に，順列 $(p_1, ..., p_n)$ は $(1, 2, ..., n)$ を並び替えたものであるから，各列からも 1 個ずつの成分を選び出している．つまり，積を構成する計 n 個の成分はどの 2 つをとっても同じ行，そして同じ列にない．なお，$\sum_{p \in S_n}$ とは，順列 $(1, 2, ..., n)$ の置換のすべてについて足すということである．本書の第 9 章では

行列の成分が未知数 x の 1 次式であるような行列を扱う。定理 5.4 より，n 次行列の行列式は成分を n 回かけたものの和であるから，成分が x の 1 次式であるような n 次行列の行列式は x の n 次式となる。たとえば 2 次行列 $\begin{pmatrix} 1-x & 2 \\ 1 & 7-x \end{pmatrix}$ の行列式 $(1-x)(7-x) - 2$ は 2 次式である。

例 5.8 2 次行列の行列式は上の表現を用いると下のように書ける。

$$|A| = \text{sgn}(1,2)a_{11}a_{22} + \text{sgn}(2,1)a_{12}a_{21}$$

ここで $(2,1)$ のみ転倒しており，$\text{sgn}(1,2) = 1$ かつ $\text{sgn}(2,1) = -1$ となる。よって $|A| = a_{11}a_{22} - a_{12}a_{21}$ となり，たしかに最初の定義と一致する。

この公式を用いて n 次単位行列 $E_n = (e_{ij})_{n \times n}$ の行列式が 1 に等しいという，5.1 節ですでに示した事実を再確認しよう。公式より

$$|E_n| = \sum_{p \in S_n} \text{sgn}(p) e_{1p_1} e_{2p_2} ... e_{np_n}$$

である。E_n の (i,j) 成分 e_{ij} は $i \neq j$ なら 0 である。したがって置換 $(p_1, ..., p_n)$ に対し，$p_k \neq k$ つまり $e_{kp_k} = 0$ となるような k があると積 $e_{1p_1} e_{2p_2} ... e_{np_n}$ は 0 となる。つまり，この積が 0 以外の値をとるのは $(p_1, ..., p_n) = (1, 2, ..., n)$ つまり p が恒等置換であるときのみで，このとき値は 1 に等しい。$\sigma(1, 2, ..., n) = 0$ であるから $|E_n| = \text{sgn}(1, 2, ..., n) e_{11} e_{22} ... e_{nn} = 1$ となる。

5.3.3 行列式の諸性質の証明

以下では定理 5.1 の証明を行う（証明はやや難しく，その理解は次章以降で直接必要となることはない）。

a. 第 1 基本変形

行列 $A = (a_{ij})$ の第 x 行と第 y 行 $(x < y)$ を交換した行列を B とする。行列式 $|B|$ は以下のように表現できる。

$$|B| = \sum_{p \in S_n} \text{sgn}(p) a_{1p_1} ... (a_{yp_x}) ... (a_{xp_y}) ... a_{np_n}$$

ここで，順列 p のそれぞれに対し，x 番目と y 番目を交換した順列を $q =$

$(q_1, q_2, ..., q_n)$ とすると,$|B| = \sum_{p \in S_n} \text{sgn}(p) a_{1q_1}...a_{iq_i}...a_{nq_n}$ と書けるが,定理 5.2 より $\text{sgn}(p) = -\text{sgn}(q)$ である。よって

$$|B| = -\sum_{q \in S_n} \text{sgn}(q) a_{1q_1}...a_{iq_i}...a_{nq_n}$$

となる。ここで p がすべての置換を動くとき,q もすべての置換を動くため,右辺の $-$ のあとの値は行列式そのものである。よって $|B| = -|A|$ となる。

b. 第 2 基本変形

A の k 行目を x 倍した行列の行列式は $\sum_{p \in S_n} \text{sgn}(p) a_{1p_1}...(xa_{kp_k})...a_{np_n}$ と表現できるが,和を構成する各項目がすべて x 倍されているから x を外に出すことができる。よって第 2 基本変形により行列式は x 倍される。

c. 第 3 基本変形

まず,行列式はある行ないし列に関して「分離」できることを次の補題で示す。補題とは,メインの定理の証明に必要となり補助的な公式・命題のことである。

補題 5.1 n 次行列 A および $1 \times n$ 行列 $B = (b_{11}\ b_{12}\ ...\ b_{1n})$ を考える。このとき,A の第 k 行に B を加えてできる行列を C,そして A の第 k 行を B にかえてできる行列を D とすると,$|C| = |A| + |D|$ となる。

証明 $|C| = \sum_{p \in S_n} \text{sgn}(p) a_{1p_1}...(a_{kp_k} + b_{1p_k})...a_{np_n}$ と表現できるので

$$|C| = \sum_{p \in S_n} \text{sgn}(p) a_{1p_1}...a_{kp_k}...a_{np_n} + \sum_{p \in S_n} \text{sgn}(p) a_{1p_1}...b_{1p_k}...a_{np_n}$$

である。ここで右辺の第 1 項は $|A|$,第 2 項は $|D|$ と等しい。よって $|C| = |A| + |D|$ となる。∎

これらのことを用いて n 次行列 A に第 3 基本変形 $R(i, j, x)$ を行っても行列式に変化はないことを示す。行列 A の第 i 行に第 j 行の x 倍を加えできる行列を B,A の第 i 行を第 j 行に変えてできる行列を C すると,$|B| = |A| + x|C|$ である。ここで行列 C の 2 つの行の並びが等しく,$|C| = 0$ であるから $|B| = |A|$ となり題意は示された。

d. 転置行列

転置行列 $A^\top$ の (x,y) 成分はもとの行列 A の (y,x) 成分と等しいため

$$|A^\top| = \sum_{p \in S_n} \mathrm{sgn}(p) a_{p_1 1} a_{p_2 2} \dots a_{p_n n}$$

と表せる。ここでは列でなく，行番号に関し置換が行われている。転倒数 $\sigma(p)$ は，順列 $p = (p_1, \dots, p_n)$ を行番号に持つ成分の集合 $X = \{a_{p_1 1}, a_{p_2 2}, \dots, a_{p_n n}\}$ から 2 つの構成要素 $(a_{p_x x}, a_{p_y y})$ を取り出したとき，行番号の大小関係と列番号の大小関係が異なるような成分の組の数と等しい。

ここで，n 個の成分の並び X を，行番号が小さい順に並べかえたものを $X' = (a_{1 q_1}, a_{2 q_2}, \dots, a_{n q_n})$ とする。今，先ほどの組 $(a_{p_x x}, a_{p_y y})$ が転倒しており，そしてこの 2 つの数字が X' において，左から順に $\dots, a_{i q_i}, \dots, a_{j q_j} \dots$ と現れたとする $(i < j)$。$(a_{p_x x}, a_{p_y y})$ の行番号の大小関係と列番号の大小関係が異なるため，組 (q_i, q_j) は必ず転倒している。順列 $q = (q_1, q_2, \dots, q_n)$ も $(1, 2, \dots, n)$ の置換である。よって 2 つの転倒数 $\sigma(q)$ と $\sigma(p)$ は等しく，以下の式を得る。

$$|A^\top| = \sum_{p \in S_n} \mathrm{sgn}(p) a_{1 q_1} \dots a_{n q_n} = \sum_{q \in S_n} \mathrm{sgn}(q) a_{1 q_1} a_{2 q_2} \dots a_{n q_n}$$

最後の式は $|A|$ そのものであるため，$|A^\top| = |A|$ となり証明できた。

章末問題

問題 5.1 以下の行列の行列式を第 2 行について展開して計算せよ。

$$\begin{pmatrix} a & b & c \\ 0 & d & 0 \\ f & g & h \end{pmatrix}$$

問題 5.2 以下の行列 A の $(1,2)$ 余因子 A_{12} と行列式 $|A|$ を計算せよ。

$$A = \begin{pmatrix} 2 & 0 & 0 \\ 1 & 5 & 7 \\ 2 & 0 & 9 \end{pmatrix}$$

問題 5.3 定理 5.1 を用いて，以下の行列 A, B の行列式を計算せよ。

$$A = \begin{pmatrix} a+b & a+c & a+d \\ 2a & 2a & 2a+x \\ a & a & a \end{pmatrix}, \quad B = \begin{pmatrix} p+t & 0 & u & s \\ 0 & 0 & q & 0 \\ 0 & r & q & 0 \\ t & 0 & u & s \end{pmatrix}$$

問題 5.4 定理 5.1 を用いて，以下の 3 次行列の行列式が x, y, z の値によらず 0 となることを示せ。

$$\begin{pmatrix} 2 & 3 & 4 \\ 4+x & 6+y & 8+z \\ x & y & z \end{pmatrix}$$

問題 5.5 $(2, 3, 4)$ の任意の置換を (x, y, z) とする。$\sigma(x, 1, y, z) = 1 + \sigma(x, y, z)$ を示せ。

問題 5.6 2 次行列 A, B があるとき，$|A||B| = |AB|$ が成り立つことを示せ（なおこの性質は一般的な次数でも成立する）。

問題 5.7 4 次行列 A の列ベクトル表記を $(\vec{a}_1, \vec{a}_2, \vec{a}_3, \vec{a}_4)$ とする。このとき 4 次行列 $B = (\vec{a}_1 + \vec{a}_2 + \vec{a}_3, \vec{a}_2, \vec{a}_3, \vec{a}_4)$ の行列式が $|A|$ に等しいことを示せ。

問題 5.8 2 次行列 $A = \begin{pmatrix} 1 & 2 \\ 0 & 3 \end{pmatrix}$ と $B = \begin{pmatrix} 2 & 0 \\ 0 & 1 \end{pmatrix}$ に対し，$|A + xB| = 0$ となるような実数 x の値を求めよ。

問題 5.9 主対角線より下の部分にすべて 0 が並ぶような正方行列を**上三角行列**とよぶ。上三角行列の行列式は，主対角線上の成分の積に等しいことを示せ。たとえば 2 次行列の場合 $\begin{vmatrix} a & c \\ 0 & b \end{vmatrix} = ab$ となる。

第 6 章

逆 行 列

　これまで行列同士の足し算やかけ算は定義してきたが，割り算については考えてこなかった。数の世界では，0でない限り逆数を簡単に計算できる。しかし行列は縦と横に広がりを持つ数字の表であるため，簡単にその逆を計算できない。本章では，行列の逆数ともよぶべき行列である逆行列を行列式を用いて定義する。そして逆行列を用いて連立方程式を解く方法を学ぶ。章末では，逆行列の経済学への応用例として産業連関表を学ぶ。

6.1 行列式の展開

　前章では，行列式を第1行の成分と対応する余因子の積の和として表したが，実は任意の行（第i行とする）に着目して計算できる。n次行列Aに対し，第i行と第$i-1$行を交換し，次に第$i-1$行と第$i-2$行を交換するという，隣り合う行同士を交換する第1基本変形を，第2行と第1行との交換まで計$i-1$回繰り返し，第i行が一番上に来るようにする。できた行列をBとする。3次行列の第3行を一番上に移す基本変形の一例は以下のように表せる。

$$A = \begin{pmatrix} 1 & 2 & 3 \\ 4 & 5 & 6 \\ 7 & 8 & 9 \end{pmatrix} \xrightarrow{P(2,3)} \begin{pmatrix} 1 & 2 & 3 \\ 7 & 8 & 9 \\ 4 & 5 & 6 \end{pmatrix} \xrightarrow{P(1,2)} \begin{pmatrix} 7 & 8 & 9 \\ 1 & 2 & 3 \\ 4 & 5 & 6 \end{pmatrix} = B$$

第1基本変形により行列式は-1倍され（定理5.1），BはAにその変形を$i-1$回繰り返してできるため，$|A| = (-1)^{i-1}|B|$である。一方行列式の定義より$|B| = \sum_{k=1}^{n} b_{1k} B_{1k}$となる。ここで$B$の第1行は$A$の第$i$行と等しく，それ以外の行の並びは同じである。よって任意の列番号kについて，Bの$(1,k)$成分b_{1k}はa_{ik}と等しい。また，Bの第1行と第k列を除いてできる行列B^*_{1k}は行列Aの第i行と第k列を除いてできる行列A^*_{ik}と等しい。余因子は

$B_{1k} = (-1)^{1+k}|B_{1k}^*|$ かつ $A_{ik} = (-1)^{i+k}|A_{ik}^*|$ であるため, $A_{ik} = (-1)^{i-1}B_{1k}$ となる。これらの関係より以下の式が成立する。

$$|A| = (-1)^{i-1}|B| = \sum_{k=1}^{n} b_{1k}(-1)^{i-1}B_{1k} = \sum_{k=1}^{n} a_{ik}A_{ik} \quad (i = 1, 2, ..., n)$$

以後上で求めた式 $|A| = \sum_{k=1}^{n} a_{ik}A_{ik}$ を，第 i 行について行列式を**展開**した式とよぶことにする。行列式の定義式（5.1節）は $i = 1$ のときに対応している。

例 6.1 3次行列 $P = \begin{pmatrix} 1 & 2 & 3 \\ 0 & 5 & 0 \\ 7 & 8 & 9 \end{pmatrix}$ の行列式を第2行について展開すると

$$|P| = (-1)^{2+1} \cdot 0 \cdot \begin{vmatrix} 2 & 3 \\ 8 & 9 \end{vmatrix} + (-1)^{2+2} \cdot 5 \cdot \begin{vmatrix} 1 & 3 \\ 7 & 9 \end{vmatrix} + (-1)^{2+3} \cdot 0 \cdot \begin{vmatrix} 1 & 2 \\ 7 & 8 \end{vmatrix}$$

となるが，第1, 第3項は0であり，$|P| = -60$ と計算できる。

上の展開式では，成分 a_{ik} の番号 ik と，それにかけ合わせる余因子 A_{ik} の番号 ik が一致している。以下はその番号がずれている場合を考える。このため，行列 A の第 j 行全体を第 $i(\neq j)$ 行で置き換えた行列 B を考える。行列 B の第 i 行と第 j 行の成分の並びはまったく同じとなる。

5.3.1項で学んだように，2つの行の並びが一致する行列の行列式は0であるめ，$|B| = 0$ となる。この $|B|$ を第 j 行について展開した式 $|B| = \sum_{k=1}^{n} b_{jk}B_{jk}$ を考える。A と B の唯一のちがいは第 j 行の並びであるため，余因子 B_{jk} は A_{jk} と等しい。一方 B の (j, k) 成分 b_{jk} は A の (i, k) 成分 a_{ik} と等しい。よって $|B| = \sum_{k=1}^{n} a_{ik}A_{jk}$ となる。この値が0であるため以下の式を得る。

$$\sum_{k=1}^{n} a_{ik}A_{jk} = 0 \quad (i \neq j)$$

つまり，成分と余因子の積の和 $\sum_{k=1}^{n} a_{ik}A_{jk}$ の値は，行番号が一致する場合，つまり $i = j$ なら行列式に等しく，ずれているなら0となる。同様のことは列番号についてもいえる。和 $\sum_{k=1}^{n} a_{ki}A_{kj}$ は，$i = j$ なら行列式に等しく，$i \neq j$ なら0になる。以上の結果をまとめたものが下の定理である。

6.2 余因子行列

定理 6.1 n 次行列 A および任意の自然数 i および j について，以下の式が成立する。

$$\sum_{k=1}^n a_{ik} A_{jk} = \begin{cases} |A| & (i = j \text{ の場合}) \\ 0 & (i \neq j \text{ の場合}) \end{cases}$$

$$\sum_{k=1}^n a_{ki} A_{kj} = \begin{cases} |A| & (i = j \text{ の場合}) \\ 0 & (i \neq j \text{ の場合}) \end{cases}$$

証明 以下では後半の式を証明する。転置行列 $A^\top$ を B と表すと，先の説明より $w = \sum_{k=1}^n b_{ik} B_{jk}$ は，$i=j$ なら $|B|$ に等しく，そうでないなら 0 となる。転置行列の性質より，$b_{ik} = a_{ki}$ となる。また，B の第 j 行と第 k 列を除いた行列は A の k 行と j 列を除いた行列の転置行列と一致するため，$B_{jk} = A_{kj}$ である。よって $w = \sum_{k=1}^n a_{ki} A_{kj}$ となる。この値が $i=j$ なら $|A|$ に等しく，そうでないなら 0 となるため題意が証明された。∎

定理 6.1 より，ある行，あるいは列の並びがすべて 0 の行列の行列式は 0 となることがわかる。

6.2 余因子行列

正方行列 A が与えられたとき，その余因子 A_{ij} が (j, i) 成分となるような**余因子行列** $\hat{A}$ を以下のように定義する。

$$\hat{A} = \begin{pmatrix} A_{11} & A_{21} & \ldots & A_{n1} \\ A_{12} & A_{22} & \ldots & A_{n2} \\ \vdots & \vdots & \vdots & \vdots \\ A_{1n} & A_{2n} & \ldots & A_{nn} \end{pmatrix}$$

行列 $\hat{A}$ の (i, j) 成分は，A_{ij} でなく，A_{ji} であることに注意が必要である。

ここで，余因子行列 $\hat{A}$ と，もとの行列 A との積を考える。まず $\hat{A}$ を右から

かけてできる積 $A\hat{A}$ を計算する．行列 $A\hat{A}$ の (i,j) 成分は A の第 i 行と $\hat{A}$ の第 j 列の積であり，A の (i,k) 成分は a_{ik}，そして $\hat{A}$ の (k,j) 成分は A_{jk} であるので，その値は定理 6.1 を用いると

$$\begin{pmatrix} a_{i1} & a_{i2} & \cdots & a_{in} \end{pmatrix} \begin{pmatrix} A_{j1} \\ A_{j2} \\ \vdots \\ A_{jn} \end{pmatrix} = \sum_{k=1}^{n} a_{ik} A_{jk} = \begin{cases} |A| & (i=j) \\ 0 & (i \neq j) \end{cases}$$

この式は，$A\hat{A}$ の主対角線上にある成分が $|A|$ で，それ以外は 0 となることを示している．よって，$A\hat{A} = |A|E$ となる．次に $\hat{A}$ を左からかけてできる行列 $\hat{A}A$ の (i,j) 成分，つまり $\hat{A}$ の第 i 行と A の第 j 列の積は

$$\hat{A}A \text{ の } (i,j) \text{ 成分} = \sum_{k=1}^{n} a_{jk} A_{ik} = \begin{cases} |A| & (i=j \text{ の場合}) \\ 0 & (i \neq j \text{ の場合}) \end{cases}$$

となる．つまり $\hat{A}A = |A|E$ である．まとめると，以下の式を得る．

$$A\hat{A} = \hat{A}A = |A|E$$

この式は，$A\hat{A}$ も $\hat{A}A$ も単位行列の $|A|$ 倍に等しいことを示している．

例 6.2 行列 $A = \begin{pmatrix} a_{11} & a_{12} \\ a_{21} & a_{22} \end{pmatrix}$ の余因子行列は $\hat{A} = \begin{pmatrix} A_{11} & A_{21} \\ A_{12} & A_{22} \end{pmatrix} = \begin{pmatrix} a_{22} & -a_{12} \\ -a_{21} & a_{11} \end{pmatrix}$ である．$\hat{A}A$ を計算すると，$|A| = a_{11}a_{22} - a_{12}a_{21}$ より

$$\hat{A}A = \begin{pmatrix} a_{22} & -a_{12} \\ -a_{21} & a_{11} \end{pmatrix} \begin{pmatrix} a_{11} & a_{12} \\ a_{21} & a_{22} \end{pmatrix} = |A| \begin{pmatrix} 1 & 0 \\ 0 & 1 \end{pmatrix}$$

となり，たしかに単位行列の $|A|$ 倍となっている．

6.3 逆行列の公式

n 次行列 A について，$AX = E$ かつ $XA = E$ となる n 次行列 X が存在する場合，その行列を行列 A の**逆行列**とよび，A^{-1} と書く．またこのような X

6.3 逆行列の公式

が存在する場合，A は**正則**であるという。逆行列は存在する場合もしない場合もある。実数 a について，$ax = 1$ となるような数 $x = 1/a$ を逆数とよぶがこれは $a \neq 0$ である限り存在する。逆行列は行列の世界における逆数といえる。

例 6.3 2次行列 $B = \begin{pmatrix} 1 & 0 \\ 0 & 0.5 \end{pmatrix}$ と行列 $C = \begin{pmatrix} 1 & 0 \\ 0 & 2 \end{pmatrix}$ との積は $BC = CB = E$ となるので，B は正則でありその逆行列は C である。一方行列 $D = \begin{pmatrix} 2 & 0 \\ 0 & 0 \end{pmatrix}$ にどんな行列 $X = \begin{pmatrix} x & y \\ z & w \end{pmatrix}$ をかけても $DX = \begin{pmatrix} 2x & 2y \\ 0 & 0 \end{pmatrix}$ となり，2 行 2 列目の成分は 1 になりえない。よって $DD^{-1} = E$ となるような行列 D^{-1} は存在せず，D は正則でない。

これから，A の行列式が 0 でないことを仮定し，逆行列の公式を導出する（後に第 8 章において，行列式が 0 なら逆行列が存在しないことを示す）。今，余因子行列を行列式で割った行列 $X = \frac{1}{|A|}\hat{A}$ を考える。余因子行列は，6.2 節より $A\hat{A} = A\hat{A} = |A|E$ をみたすので，行列 X は

$$AX = A\frac{1}{|A|}\hat{A} = \frac{1}{|A|}A\hat{A} = E$$
$$XA = \frac{1}{|A|}\hat{A}A = E$$

をみたす。逆行列の定義よりこの 2 つの式は，行列 X が A の逆行列であることを示している。$|A| \neq 0$ である限り，行列 X はつねに計算可能である。$|A| = 0$ の場合，$\frac{1}{|A|} = \frac{1}{0}$ が計算できないため逆行列があるかは今の段階ではわからない。

ここで，ある 2 つの行列 X と Y がともに A の逆行列であったとする。この場合定義より $AY = E$ かつ $XA = E$ となる。よって行列の積 XAY の値は以下のように 2 通りの方法で計算できる。

$$XAY = X(AY) = XE = X$$
$$XAY = (XA)Y = EY = Y$$

この 2 つの式より $X = Y$ となる。つまり両者はかならず一致する。よって A の逆行列 A^{-1} は，$|A| \neq 0$ なら $\frac{1}{|A|}\hat{A}$ のみであるといえる。以上の結果は下の定理のようにまとめることができる。

定理 6.2　正方行列 A の逆行列 A^{-1} は，$|A| \neq 0$ なら唯一存在し，以下のように表現できる。A^{-1} の (i,j) 成分は $A_{ji}/|A|$ で与えられる。

$$A^{-1} = \frac{1}{|A|} \begin{pmatrix} A_{11} & A_{21} & ... & A_{n1} \\ A_{12} & A_{22} & ... & A_{n2} \\ \vdots & \vdots & \vdots & \vdots \\ A_{1n} & A_{2n} & ... & A_{nn} \end{pmatrix}$$

例 6.4　2 次行列 $A = \begin{pmatrix} a_{11} & a_{12} \\ a_{21} & a_{22} \end{pmatrix}$ の余因子行列は $\hat{A} = \begin{pmatrix} a_{22} & -a_{12} \\ -a_{21} & a_{11} \end{pmatrix}$ であり，行列式は $|A| = a_{11}a_{22} - a_{12}a_{21}$ であるため逆行列は以下のようになる。

$$A^{-1} = \frac{1}{|A|}\hat{A} = \frac{1}{a_{11}a_{22} - a_{12}a_{21}} \begin{pmatrix} a_{22} & -a_{12} \\ -a_{21} & a_{11} \end{pmatrix}$$

行列 A に対し，その実数 x 倍した行列 $B = xA$ の逆行列は $B^{-1} = \frac{1}{x}A^{-1}$ に等しい。なぜなら $(xA)(\frac{1}{x}A^{-1}) = x \cdot \frac{1}{x}AA^{-1} = E$ となるからである。

6.4　逆行列による連立方程式の解法

本節では連立方程式を行列とベクトルを用いて表現する手法について学ぶ。

6.4.1　拡大係数行列

未知数が $x_1, x_2, ..., x_n$ の計 n 個で，式の数が m 個ある連立方程式は，第 i 番目の式において未知数 x_j にかかる係数を a_{ij} そして定数項を p_i とすると，以下のように表せる。

6.4 逆行列による連立方程式の解法

$$[1]: a_{11}x_1 + a_{12}x_2 + ... + a_{1n}x_n = p_1$$
$$[2]: a_{21}x_1 + a_{22}x_2 + ... + a_{2n}x_n = p_2$$
$$\vdots$$
$$[m]: a_{m1}x_1 + a_{m2}x_2 + ... + a_{mn}x_n = p_m$$

これら計 m 個の方程式の係数を並べてできる $m \times n$ 行列 $A = (a_{ij})_{m \times n}$ を**係数行列**，式右辺の定数部分を取り出し縦に並べてできる m 次元ベクトル $\vec{p}$ を**定数ベクトル**，n 種類の未知数を縦に並べてできるベクトル $\vec{x}$ を**未知数ベクトル**，そして係数行列と定数ベクトルを横に並べてできる $m \times (n+1)$ 行列 $(A, \vec{p})$ を**拡大係数行列**とよぶ．具体的には $A, \vec{x}, \vec{p}$ は以下のように書ける．

$$A = \begin{pmatrix} a_{11} & a_{12} & ... & a_{1n} \\ a_{21} & a_{22} & ... & a_{2n} \\ \vdots & \vdots & \vdots & \vdots \\ a_{m1} & a_{m2} & ... & a_{mn} \end{pmatrix}, \quad \vec{x} = \begin{pmatrix} x_1 \\ x_2 \\ \vdots \\ x_n \end{pmatrix}, \quad \vec{p} = \begin{pmatrix} p_1 \\ p_2 \\ \vdots \\ p_m \end{pmatrix}$$

上記の計 m 個の式（$[1]$ から $[m]$ まで）の右辺の値を上から順に縦にならべてできる m 次元ベクトルは，$\vec{p}$ に等しい．同様に，これらの式の左辺の値を縦にならべてできる m 次元ベクトルは $A\vec{x}$ に等しい．したがって，上の連立方程式は

$$A\vec{x} = \vec{p}$$

と書けるが，これを**連立方程式の行列表示**とよぶ．以後，連立方程式を $A\vec{x} = \vec{p}$ と書いた場合，それは前述の m 個の式の集まりを意味すると考える．

ところでこの方程式 $A\vec{x} = \vec{p}$ は係数行列 A の列ベクトルを用いて $\sum_{i=1}^{n} x_i \vec{a}_i = \vec{p}$ と書ける．つまり方程式 $A\vec{x} = \vec{p}$ に解があるかどうかということと，定数ベクトル $\vec{p}$ を係数行列の列ベクトルの線形結合として表せるか否かということは同じことである．なお以下では未知数が n 個の連立方程式を n **元連立方程式**とよぶ．

例 6.5 2元連立方程式

$$x + 2y = 3$$
$$3x + 7y = 11$$

の係数行列は $\begin{pmatrix} 1 & 2 \\ 3 & 7 \end{pmatrix}$，未知数ベクトルは $\begin{pmatrix} x \\ y \end{pmatrix}$，定数ベクトルは $\begin{pmatrix} 3 \\ 11 \end{pmatrix}$，そして拡大係数行列は $\begin{pmatrix} 1 & 2 & 3 \\ 3 & 7 & 11 \end{pmatrix}$ である。上式は $\begin{pmatrix} 1 & 2 \\ 3 & 7 \end{pmatrix} \begin{pmatrix} x \\ y \end{pmatrix} = \begin{pmatrix} 3 \\ 11 \end{pmatrix}$ と書ける。

一方，ある $m \times n$ 行列 A $(n > 1)$ があるとき，A を拡大係数行列とする連立方程式は，A の右端の列ベクトル $\vec{a}_n$ および，$\vec{a}_n$ を A から除いてできる $m \times (n-1)$ 行列 $A^* = (\vec{a}_1, \vec{a}_2, ..., \vec{a}_{n-1})$ を用いて $A^* \vec{x} = \vec{a}_n$ として表現できる。

例 6.6 2×4 行列 $\begin{pmatrix} 1 & 2 & 3 & 5 \\ 3 & 7 & 11 & 7 \end{pmatrix}$ を拡大係数行列に持つ連立方程式は以下のように書ける。

$$x + 2y + 3z = 5$$
$$3x + 7y + 11z = 7$$

6.4.2 連立方程式と逆行列

本項では，未知数の数 n と式の数 m が一致する場合を考える。この場合，連立方程式 $A\vec{x} = \vec{p}$ の係数行列 A は正方行列となる。A が正則である場合，つまり A に逆行列 A^{-1} が存在する場合，方程式の両辺に A^{-1} をかけると，$A^{-1}A\vec{x} = A^{-1}\vec{p}$ となる。ここで逆行列の定義より $A^{-1}A$ は単位行列 E であり，単位行列にベクトルをかけても値は変わらないため式 $A^{-1}A\vec{x} = A^{-1}\vec{p}$ の左辺 $A^{-1}A\vec{x}$ は $\vec{x}$ に等しい。よってこの式は $\vec{x} = A^{-1}\vec{p}$ を意味する。つまりこれが解の公式である。

定理 6.3 連立方程式 $A\vec{x} = \vec{p}$ において，係数行列 A が正則な正方行列であるとする。この場合，方程式の解は唯一に定まり $\vec{x} = A^{-1}\vec{p}$ となる。

例 6.5 の連立方程式における係数行列 $A = \begin{pmatrix} 1 & 2 \\ 3 & 7 \end{pmatrix}$ の逆行列は，$|A| = 1\cdot 7 - 2\cdot 3 = 1$ であるため，例 6.4 の結果を用いると $A^{-1} = \begin{pmatrix} 7 & -2 \\ -3 & 1 \end{pmatrix}$ に等しい。したがって，この方程式の解は，係数行列の逆行列と定数ベクトル $\vec{p} = \begin{pmatrix} 3 \\ 11 \end{pmatrix}$ との積 $A^{-1}\vec{p} = \begin{pmatrix} -1 \\ 2 \end{pmatrix}$ で与えられる。

ここで $A^{-1} = |A|^{-1}\hat{A}$ であるから連立方程式の解 $A^{-1}\vec{p}$ を余因子行列 $\hat{A}$ を用いて表現すると，

$$\vec{x} = \frac{1}{|A|}\hat{A}\vec{p} = \frac{1}{|A|}\begin{pmatrix} A_{11} & \ldots & A_{n1} \\ \vdots & \vdots & \vdots \\ A_{1n} & \ldots & A_{nn} \end{pmatrix}\begin{pmatrix} p_1 \\ \vdots \\ p_n \end{pmatrix} = \frac{1}{|A|}\begin{pmatrix} \sum_{k=1}^n A_{k1}p_k \\ \vdots \\ \sum_{k=1}^n A_{kn}p_k \end{pmatrix}$$

となる。つまり未知数 x_i の値は $|A|^{-1}(\sum_{k=1}^n A_{ki}p_k)$ で与えられる。

6.4.3 クラーメルの公式

連立方程式 $A\vec{x} = \vec{p}$ が与えられたとき，係数行列 A の第 i 列を定数ベクトル $\vec{p}$ で置き換えた以下の行列 B を考える。

$$B = \begin{pmatrix} a_{11} & \ldots & a_{1i-1} & p_1 & a_{1i+1} & \ldots & a_{1n} \\ a_{21} & \ldots & a_{2i-1} & p_2 & a_{2i+1} & \ldots & a_{2n} \\ \vdots & \vdots & \ldots & \ldots & \ldots & \ldots & \vdots \\ a_{n1} & \ldots & a_{ni-1} & p_n & a_{ni+1} & \ldots & a_{nn} \end{pmatrix}$$

行列 B の第 k 行および第 i 列を除いてできる行列と，A の同じ行および同じ列を除いてできる行列とは同じである。したがって $B_{ki} = A_{ki}$ であり，B の行列式を第 i 列について展開する場合 $|B| = \sum_{k=1}^n B_{ki}p_k = \sum_{k=1}^n A_{ki}p_k$ と書ける。ここで 6.4.2 項の結果を用いると連立方程式の解 x_i は，$x_i = |B|/|A|$ とも表現できることがわかる。以下の定理を**クラーメルの公式**とよぶ。

定理 6.4 連立方程式 $A\vec{x} = \vec{p}$ において，係数行列 A が正方行列でその行列式 $|A|$ が 0 でない場合，i 番目の未知数 x_i の値は，A の第 i 列を定数ベクトル $\vec{p}$ で置き換えた行列の行列式を $|A|$ で割ったものに等しい。

なお，今の段階では $|A|=0$ のときに連立方程式 $A\vec{x}=\vec{p}$ に解があるか不明である。この場合については次章以降でとりあつかう。

例 6.7 未知数が 2 つの連立方程式

$$a_1 x + b_1 y = p_1$$
$$a_2 x + b_2 y = p_2$$

の解は係数行列が $A = \begin{pmatrix} a_1 & b_1 \\ a_2 & b_2 \end{pmatrix}$ そして定数ベクトルが $\begin{pmatrix} p_1 \\ p_2 \end{pmatrix}$ であるから $(x,y) = \frac{1}{a_1 b_2 - b_1 a_2} \left(\begin{vmatrix} p_1 & b_1 \\ p_2 & b_2 \end{vmatrix}, \begin{vmatrix} a_1 & p_1 \\ a_2 & p_2 \end{vmatrix} \right)$ で与えられる。

経済学への応用 3
産業連関表

行列・逆行列の知識を経済分析に生かしている例として**産業連関表**を用いた産業連関分析が挙げられる。産業連関表は，産業各部門の生産の相互関係を行列を使って表現したものである。簡単な産業連関表は，農林水産業，製造業など計約 30 の産業部門から構成されている。表自体は総務省ホームページから簡単に入手できる。産業連関表を用いることで，ある産業での生産の変化が別の部門にどう波及していくかをとらえることができる。一般的に計 n 部門からなる産業連関表は以下の表のように表現される。

表 6.1 産業連関表

		中間需要					最終需要	総生産
		産業 1	...	産業 j	...	産業 n		
中間投入	産業 1	x_{11}	...	x_{1j}	...	x_{1n}	f_1	y_1
	:	:	:	:	:	:	:	:
	産業 i	x_{i1}	...	x_{ij}	...	x_{in}	f_i	y_i
	:	:	...	:	...	:	:	:
	産業 n	x_{n1}	...	x_{nj}	...	x_{nn}	f_n	y_n
付加価値		v_1	...	v_j	...	v_n		
総生産		y_1	...	y_j	...	y_n		

6.4 逆行列による連立方程式の解法

表において，x_{ij} は，産業 j が財を生産する際，産業 i の作る財を中間投入つまり原材料として用いる量である．また f_i は産業 i の作る財への最終需要の量，v_j は産業 j が生み出す付加価値の量，そして y_j は産業 j の総生産量である．財としてリンゴを例にとると，リンゴはジャムという財を生産するための中間投入物としての役割もあれば，最終財としてそのまま食べたいとする最終需要を満たすための財としての役割もある．各産業の総生産は，一番右側の列，そして一番下の行にそれぞれ 1 回ずつ，計 2 回現れることに注意せよ．たとえば表 6.1 において産業 1 の総生産量 y_1 は右上と左下に 2 回現れている．

産業連関表は，縦方向と横方向の 2 つの読み方がある．まず縦方向に読むと各部門が生産にあたって中間生産物をどれだけ投入しそして付加価値をどれくらいつけたのかの読み取りをすることができる．ここで表の一番左の列にある数の縦の並び，$x_{11}, ..., x_{i1}, ..., x_{n1}, v_1, y_1$ に着目する．この列は産業 1 が財を y_1 だけ生産するため，産業 i から $x_{i1}(i = 1, 2, ..., n)$ の財を中間生産物として投入し，そしてそれらの中間生産物に付加価値を v_1 だけ加えていることを示している．一般的に，産業 j が財を y_j だけ生産するためには，産業 i から $x_{ij}(i = 1, 2, ..., n)$ の中間生産物と v_j の付加価値を加える必要がある．したがって産業 j の生産に関し以下の等式が成立する．

$$\sum_{i=1}^{n} x_{ij} + v_j = y_j \quad (1 \leq j \leq n)$$

次に横方向に見ると，各部門の品物がどの部門によって消費されたかがわかる．表の一番上の行にある数の横の並び，$x_{11}, x_{12}, ..., x_{1n}, f_1, y_1$ に着目する．産業 1 は最終的に y_1 だけ生産されるが，この量は，産業 j が財を作るための中間投入として x_{1j} だけ用いられ，そして残りの量は f_1 だけの最終需要に対応している．一般的に，産業 i の生産 y_i は，産業 j の中間投入 $x_{ij}(j = 1, 2, ..., n)$ そして最終需要 f_i として用いられている．ここですべての産業 i について

$$\sum_{j=1}^{n} x_{ij} + f_i = y_i \quad (1 \leq j \leq n)$$

が成り立つ．つまり縦横どちらの方向で見ても，生産の合計は一致する．

例 6.8 ある国の産業が産業 1 と産業 2 の 2 種類しかないとする。この国の産業連関表の例として以下ものを考える。

		中間需要		最終需要	総生産
		産業 1	産業 2		
中間投入	産業 1	20	60	20	100
	産業 2	20	30	100	150
付加価値		60	60		
総生産		100	150		

表の左側にある数の縦の並び，20, 20, 60, 100 に着目すると，産業 1 は生産のため，産業 1 自体から 20，そして産業 2 から 20 の中間生産物を投入し，付加価値を 60 だけ加えて最終的に，計 100 の財を生産している。次に表の一番上にある横方向の数の並びに着目すると，産業 1 の生産 100 は，まず中間生産物として産業 1 に 20，産業 2 に 60 の計 80 が使われ，最終需要として 20 が使われたことがわかる。中間投入物と付加価値の合計は中間需要物と最終需要の合計と等しい。このことは産業 2 についてもいえる。

ここで産業 j の産出量 y_j とその生産に必要な産業 i からの中間投入量 x_{ij} が比例すると仮定し，その比例定数，つまり産業 j が財を 1 だけ生産するのに必要な産業 i からの投入量を**投入係数**とよび a_{ij} と書く。投入係数は $a_{ij} = \frac{x_{ij}}{y_j}$ を満たす。係数 a_{ij} が (i, j) 成分となるような n 次行列を**投入係数行列**とよぶ。

ここで f_i が第 i 成分となるような n 次元ベクトルを最終需要ベクトル $\vec{f}$，そして y_i が第 i 成分となるような n 次元ベクトルを総生産ベクトル $\vec{y}$ とおく。投入係数の定義より，$x_{ij} = a_{ij} y_j$ であるので，産業 i についての「総生産=中間需要+最終需要」の等式 $\sum_{j=1}^{n} x_{ij} + f_i = y_i$ に代入すると $\sum_{j=1}^{n} a_{ij} y_j + f_i = y_i$ となる。この式はすべての産業 i について成立するので，投入係数行列 A を用いると，最終需要ベクトルと総生産ベクトルとの間には

$$A\vec{y} + \vec{f} = \vec{y}$$

の関係が成立する。ここで $A\vec{y}$ は $\vec{y}$ だけ生産するのに必要な中間投入を表して

いる。この式を $\vec{y}$ について整理すると $(E-A)\vec{y}=\vec{f}$ となるので，もし最終需要 $\vec{f}$ が与えられた際それを実現するのに必要な総生産量は $E-A$ の逆行列を用いて $\vec{y}=(E-A)^{-1}\vec{f}$ で与えられることがわかる（ここで $|E-A|\neq 0$ を仮定する）。

最終需要と生産量の関係式は別の観点からとらえることもできる。最終的に $\vec{f}$ の量を生産するために，中間投入として，産業は $A\vec{f}$ の財を作る必要がある。しかし $A\vec{f}$ を生産するにはさらに中間投入として $A\times A\vec{f}=A^2\vec{f}$ の財を生産する必要がある。つまり，$\vec{f}$ だけの財を最終的に作るには，合計して

$$\vec{f}+A\vec{f}+A^2\vec{f}+...=(E+A+A^2+...)\vec{f}$$

の量の生産が必要である。この行列の無限個の和 $E+A+A^2+...$ が逆行列 $(E-A)^{-1}$ に等しくなるのである（行列の和に関する議論は第9章も参考にせよ）。

例 6.9 例 6.8 の産業連関表における投入係数行列は

$$A=\begin{pmatrix} a_{11} & a_{12} \\ a_{21} & a_{22} \end{pmatrix}=\begin{pmatrix} 20/100 & 60/150 \\ 20/100 & 30/150 \end{pmatrix}=\begin{pmatrix} 1/5 & 2/5 \\ 1/5 & 1/5 \end{pmatrix}$$

である。ここで産業1への需要が50だけ増え70に，そして産業2への需要が40ふえて140になったとすると，新たな最終需要ベクトル $\vec{f}=\begin{pmatrix} 70 \\ 140 \end{pmatrix}$ を実現するような総生産ベクトル $\vec{y}$ は以下のようになる。

$$\vec{y}=(E-A)^{-1}\vec{f}=\frac{5}{14}\begin{pmatrix} 4 & 2 \\ 1 & 4 \end{pmatrix}\begin{pmatrix} 70 \\ 140 \end{pmatrix}=\begin{pmatrix} 300 \\ 600 \end{pmatrix}$$

章 末 問 題

問題 6.1 以下の行列 A の余因子行列 $\hat{A}$ と逆行列 A^{-1} を計算せよ。

$$A=\begin{pmatrix} 1 & 0 & 1 \\ 0 & 2 & 0 \\ 0 & 0 & 3 \end{pmatrix}$$

問題 6.2 行列 $\begin{pmatrix} 2 & 1 \\ 7 & 3 \end{pmatrix}$ の逆行列を計算せよ。

問題 6.3 以下の連立方程式を行列を用いて表現せよ。次に係数行列の逆行列を求め，その行列を用いて連立方程式を解け。

$$x + y = 12$$
$$y + z = 16$$
$$x + z = 14$$

問題 6.4 回転を示す行列 $R(\theta) = \begin{pmatrix} \cos\theta & -\sin\theta \\ \sin\theta & \cos\theta \end{pmatrix}$ の逆行列 $(R(\theta))^{-1}$ を求め，この行列によって示される1次変換はどのようなものか説明せよ。

問題 6.5 投入係数行列が $A = \begin{pmatrix} 1/2 & 1/3 \\ 1/4 & 2/3 \end{pmatrix}$ である2産業経済を考える。2つの財への最終需要ベクトルが $\vec{f} = \begin{pmatrix} 15 \\ 16 \end{pmatrix}$ とすると，生産ベクトル $\vec{x} = \begin{pmatrix} x_1 \\ x_2 \end{pmatrix}$ を計算せよ。

問題 6.6 3次行列 $A = 3E_3$ とベクトル $\vec{a} = (6, 3, 9)^\top$ を並べてできる行列 $(A, \vec{a})$ を拡大係数行列として持つ連立方程式の解を求めよ。ここで E_3 は3次の単位行列である。

問題 6.7 以下の行列 A は，x がある値のときに逆行列が存在しないことがわかっている。x を求めよ。

$$A = \begin{pmatrix} 2 & -3 & 1 \\ -1 & 5 & -4 \\ -3 & -7 & x \end{pmatrix}$$

問題 6.8 n 次行列 A と B がともに正則のとき，積 AB の逆行列 $(AB)^{-1}$ が $B^{-1}A^{-1}$ で与えられることを示せ。

問題 6.9 3次行列 $A = (\vec{a}_1, \vec{a}_2, \vec{a}_3)$ は，第1列ベクトルと第2列ベクトルが等しい。つまり $\vec{a}_1 = \vec{a}_2$ である。このとき A に逆行列が存在しないことを示せ（ヒント：任意の3次行列 B について，$BA = (B\vec{a}_1, B\vec{a}_2, B\vec{a}_3)$ が成立する）。

問題 6.10 3次行列 $A = (\vec{a}_1, \vec{a}_2, \vec{a}_3)$ の列ベクトルが $\vec{a}_3 = \vec{a}_1 + \vec{a}_2$ をみたす。このとき A に逆行列が存在しないことを示せ。

第 7 章

基本変形による連立方程式の解法

前章では，未知数と連立方程式の数が等しく，かつ係数行列に逆行列がある特殊な場合に限り解を求める方法を学んだ．本章以降では，より一般的な連立方程式の解を求める方法を学ぶ．具体的には，その方程式の拡大係数行列に基本変形を繰り返し行い，最終的にあるパターンを持った行列を作ることで，方程式を解く手法について学習する．本章では，まずイントロダクションとして係数行列が正方行列である場合に限りその手法を示す．本章で手法をつかめば，次章以降の一般的議論をよりスムーズに理解できるであろう．

7.1 拡大係数行列の基本変形

本節では，ある行列を拡大係数行列（6.4 節）とする連立方程式の解と，その行列を基本変形した行列を拡大係数行列とする連立方程式の解は同一であるという以下の定理を，2 元連立方程式を例にとり考える．

> **定理 7.1** 行列 $M = (A, \vec{p})$ に基本変形をかけて $M' = (B, \vec{q})$ となったとき，行列 M を拡大係数行列とする連立方程式 $A\vec{x} = \vec{p}$ の解は，M' を拡大係数行列とする連立方程式 $B\vec{x} = \vec{q}$ の解と一致する．

まず第 1 基本変形について考える．連立方程式
$$[e0]: \begin{array}{l} ax + by = p \\ cx + dy = q \end{array}$$
の拡大係数行列 $M_0 = \begin{pmatrix} a & b & p \\ c & d & q \end{pmatrix}$ に第 1 基本変形 $P(1,2)$ をかけ 1 行目と 2 行目を交換すると，行列は $M_1 = \begin{pmatrix} c & d & q \\ a & b & p \end{pmatrix}$ となる．M_1 を拡大係数行列とする連立

方程式は

$$[e1]: \begin{array}{l} cx + dy = q \\ ax + by = p \end{array}$$

となるが，方程式 [e0] と [e1] との違いは単に式の順序を変えただけである．よって [e0] の解の集合と [e1] の解の集合は完全に一致する．

次に，第 2 基本変形について考える．拡大係数行列 M_0 に第 2 基本変形 $Q(2,3)$ をかけ第 2 行を 3 倍すると，行列は $M_2 = \begin{pmatrix} a & b & p \\ 3c & 3d & 3q \end{pmatrix}$ となるが，この行列を拡大係数行列とする連立方程式は

$$[e2]: \begin{array}{l} ax + by = p \\ 3cx + 3dy = 3q \end{array}$$

となる．方程式 [e0] の 2 番目を単に 3 倍した式が [e2] となるから，2 つの連立方程式 [e0], [e2] の解は同一である．つまり，未知数 x, y が式 [e0] を満たすなら [e2] も必ず満たし，また [e2] を満たす未知数は必ず [e0] も満たす．

最後に，第 3 基本変形について考える．行列 M_0 に対し，2 行目に 1 行目の 3 倍を加える第 3 基本変形 $R(2,1,3)$ をかけた行列 $M_3 = \begin{pmatrix} a & b & p \\ c+3a & d+3b & q+3p \end{pmatrix}$ を拡大係数行列とするような連立方程式は

$$[e3]: \begin{array}{l} ax + by = p \\ (c+3a)x + (d+3b)y = q + 3p \end{array}$$

となる．よって拡大係数行列に基本変形 $R(2,1,3)$ を行うということは，2 番目の方程式に最初の方程式の 3 倍を加えるという操作に対応している．つまり方程式 [e0] の解 (x,y) は必ず [e3] の解となる．一方，基本変形の可逆性より，もとの式 [e0] の拡大係数行列は，式 [e3] の拡大係数行列に基本変形 $R(2,1,-3)$ をかけてできる．具体的には，もとの式 [e0] は，式 [e3] の 2 つ目の式から 1 つ目の式の 3 倍を引いてできるものである．つまり方程式 [e3] の解 (x,y) は必ずもとの式 [e0] を満たす．よって [e0] の解と [e3] の解は完全に一致する．

以上，2 元連立方程式を例に考えてきたが，上の議論は一般的な場合でも成立する．連立方程式 $A\vec{x} = \vec{p}$ の拡大係数行列を基本変形してできる行列を拡大係数行列とする連立方程式を $B\vec{x} = \vec{q}$ とする．このときあるベクトル $\vec{v}$ がもとの方程式の解となり $A\vec{v} = \vec{p}$ をみたす $B\vec{v} = \vec{q}$ となり，逆にあるベクトル $\vec{w}$ が $B\vec{w} = \vec{q}$ をみたすなら，$\vec{w}$ は $A\vec{w} = \vec{p}$ をみたし，もとの方程式の解となる．

7.2 方程式の解法

本節では基本変形により連立方程式の解を求める方法を学ぶ。

7.2.1 要と掃出し

行列 $A = (a_{ij})_{m \times n}$ の (x,y) 成分 a_{xy} が 0 でないとき，この (x,y) 成分を**要**(かなめ)として第 y 列を**掃出す**とは，基本変形をくりかえし行い第 y 列を第 x 単位ベクトル $\vec{e}_x$ にすることである。具体的にはまず，A の第 x 行を a_{xy} で割る第 2 基本変形 $Q(x, 1/a_{xy})$ を行い (x,y) 成分を 1 にし，その後第 i 行から第 x 行の a_{iy} 倍を引く第 3 基本変形 $R(i, x, -a_{iy})$ により，(i,y) 成分を 0 にする操作を，第 x 行以外のすべての行 i について行う。このとき第 y 列の第 $i \,(\neq x)$ 成分はすべて 0 になる。

> **例 7.1** 以下の行列 A の $(2,3)$ 成分つまり「2」を要として第 3 列を掃出すとは以下の基本変形を行うことである。最後に第 3 列は第 2 単位ベクトル $\vec{e}_2$ となる。
>
> $$A = \begin{pmatrix} 0 & 10 & 3 \\ 2 & 6 & \boxed{2} \\ 1 & 5 & 0 \end{pmatrix} \xrightarrow{Q(2,1/2)} \begin{pmatrix} 0 & 10 & 3 \\ 1 & 3 & 1 \\ 1 & 5 & 0 \end{pmatrix} \xrightarrow{R(1,2,-3)} \begin{pmatrix} -3 & 1 & \mathbf{0} \\ 1 & 3 & \mathbf{1} \\ 1 & 5 & \mathbf{0} \end{pmatrix}$$

7.2.2 解の導出

本節では未知数と式の数が同じ，つまり係数行列 A が正方行列になる場合の連立方程式の解を考える。ある連立方程式 $A\vec{x} = \vec{p}$ に対し，拡大係数行列 $(A, \vec{p})$ に基本変形を行い，行列の右端の列以外の部分を単位行列 E にできたとし，その行列を $(E, \vec{q})$ とする（できない場合については次章で検討する）。この行列を拡大係数行列とする連立方程式は $E\vec{x} = \vec{q}$ であるが，定理 7.1 より $A\vec{x} = \vec{p}$ の解と $E\vec{x} = \vec{q}$ の解は一致する。単位行列の性質より $E\vec{x}$ は $\vec{x}$ に等しい。よって方程式 $E\vec{x} = \vec{q}$ は単に $\vec{x} = \vec{q}$ であることを意味する。つまりベクトル $\vec{q}$ はもとの方程式の「唯一の」解となる。一般的に以下のことがいえる。

定理 7.2 正方行列 A を係数行列とする連立方程式 $A\vec{x} = \vec{p}$ の拡大係数行列 $(A, \vec{p})$ を $(E, \vec{q})$ と基本変形できたとすると，方程式の解は $\vec{q}$ となる。

n 元連立方程式 $A\vec{x} = \vec{p}$ の拡大係数行列 $(A, \vec{p})$ を基本変形により $(E, \vec{q})$ にするには以下に示されたステップを，ステップ 1，ステップ 2，...，ステップ n の順に踏み，左側，すなわち第 1 列より順に行列の成分をかえていく。なお，以下ではステップ 2 からステップ $n-1$ までのステップはまとめてステップ k として説明する（なお，同じステップにより，係数行列 A は単位行列 E になる）。

ステップ 1 第 1 列の中で 0 でない成分を見つけ，それが位置する行と第 1 行を交換する。そして $(1,1)$ 成分を要として第 1 列を掃出す。

ステップ k $(1 < k < n)$ 第 k 列の中で 0 でない成分を k 行目以降に見つけ，その成分がある行と第 k 行を交換し，(k,k) 成分を要として第 k 列を掃出す。

ステップ n (n,n) 成分を要として第 n 列を掃出す。

各ステップはすべて基本変形のくりかえしである。以下，具体的に 3 元連立方程式

$$z = 1$$
$$2x + 4y + 12z = 2$$
$$2x + 5y + 16z = 1$$

の拡大係数行列 $P = \begin{pmatrix} 0 & 0 & 1 & 1 \\ 2 & 4 & 12 & 2 \\ 2 & 5 & 16 & 1 \end{pmatrix}$ を基本変形して，右端以外を 3 次単位行列にすることを考える。この場合はステップを 3 回踏む。

まず，ステップ 1 を考える。行列 P の第 1 列 $\begin{pmatrix} 0 \\ 2 \\ 2 \end{pmatrix}$ において，第 2 行目に 0 以外の成分 2 がある。行列 P の第 2 行と第 1 行を交換し $(1,1)$ 成分を 2 にし，これを要として第 1 列を掃出す。掃出した後の行列を Q とする。掃出しは下のように第 1 行を 0.5 倍しそして第 3 行から第 1 行の 2 倍を引くことで求められる。

$$P \to \begin{pmatrix} 2 & 4 & 12 & 2 \\ 0 & 0 & 1 & 1 \\ 2 & 5 & 16 & 1 \end{pmatrix} \to \begin{pmatrix} 1 & 2 & 6 & 1 \\ 0 & 0 & 1 & 1 \\ 2 & 5 & 16 & 1 \end{pmatrix} \to \begin{pmatrix} \mathbf{1} & 2 & 6 & 1 \\ \mathbf{0} & 0 & 1 & 1 \\ \mathbf{0} & 1 & 4 & -1 \end{pmatrix} = Q$$

次にステップ2を考える。Q の第2列では第2行より下の第3行に0以外の成分1がある。第2行と第3行を交換し，$(2,2)$ 成分を要として2列目を掃出す。掃出した後の行列を R とすると，掃出しは以下のように表現できる。

$$Q \to \begin{pmatrix} 1 & 2 & 6 & 1 \\ 0 & 1 & 4 & -1 \\ 0 & 0 & 1 & 1 \end{pmatrix} \to \begin{pmatrix} 1 & 0 & -2 & 3 \\ 0 & 1 & 4 & -1 \\ 0 & 0 & 1 & 1 \end{pmatrix} = R$$

最後に，ステップ3では，R の $(3,3)$ 成分を要として3列目を掃出す。

$$R \to \begin{pmatrix} 1 & 0 & -2 & 3 \\ 0 & 1 & 4 & -1 \\ 0 & 0 & 1 & 1 \end{pmatrix} \to \begin{pmatrix} 1 & 0 & 0 & 5 \\ 0 & 1 & 0 & -5 \\ 0 & 0 & 1 & 1 \end{pmatrix} = H$$

確かに右端以外を単位行列にすることができた。最後の行列 H を拡大係数行列とする連立方程式は $\begin{pmatrix} x \\ y \\ z \end{pmatrix} = \begin{pmatrix} 5 \\ -5 \\ 1 \end{pmatrix}$ であり，解自身を示している。

7.3 基本変形による逆行列の求め方

本節では，行列式が0でない正方行列については，その逆行列を基本変形により求めることができることを示す（次章にて，行列式が0の場合は逆行列が存在しないことを示す）。そのためにまず，3つの補題を示す。

補題 7.1 n 次正方行列 A に基本変形を行った後の行列を B とする。このとき $|A| = 0$ なら $|B| = 0$ であり $|A| \neq 0$ なら $|B| \neq 0$ である。

証明 5.3節に示した行列式の性質により，第1基本変形の場合，$|B| = -|A|$ に，第2基本変形 $Q(i,b)(b \neq 0)$ の場合 $|B| = b|A|$ に，そして第3基本変形の場合，$|B| = |A|$ になる。いずれの場合も $|A| = 0$ であることと $|B| = 0$ であることは同値である。∎

補題 7.2 行列式が0でない行列は必ず基本変形により単位行列にできる。

証明 前述のステップがステップ n までいかず途中で止まるような行列の行列式がつねに0になることを示す。ここではステップ2まで進めたがステップ2の終了後，第3列の3行目以降がすべて0になりステップ3に進めなかったとして証明を行う（一般的な場合も同様である）。もとの n 次行列を A，ステッ

プ2の後の行列を B とする。B の第1列は $\vec{e}_1$ であるため，B の第1行と第1列を除いた $n-1$ 次行列を C とすると，$|B| = |C|$ となる。一方 B の第2列は $\vec{e}_2$ であるため C の第1列は $\vec{e}_1$ となる。よって C の1行目と1列目を除いた行列を D とすると $|C| = |D|$ となる。さらに，B の第3列では3行目以降に0が並ぶので，D の第1列は $\vec{0}$ となり $|D| = 0$ となる。つまり $|B| = 0$ となり，補題 7.1 より $|A| = 0$ を得る。■

補題 7.3 3つの n 次行列 A, X, P が式 $AX = P$ を満たすとする。今，$n \times 2n$ 行列 (A, P) を基本変形し (B, Q) としたとき $BX = Q$ が成立する。

証明 行列 X, P を $X = (\vec{x}_1, \vec{x}_2, ..., \vec{x}_n)$，$P = (\vec{p}_1, \vec{p}_2, ..., \vec{p}_n)$ と列ベクトル表記する。$A(\vec{x}_1, ..., \vec{x}_n) = (A\vec{x}_1, ..., A\vec{x}_n)$ であるから式 $AX = P$ が成立することと任意の k について $A\vec{x}_k = \vec{p}_k$ が成立することとは同値である。ここで (A, P) を (B, Q) に変える基本変形を $n \times (m+1)$ 行列 $(A, \vec{p}_k)$ にかけると，$(B, \vec{q}_k)$ になる。したがって任意の k について $B\vec{x}_k = \vec{q}_k$ が成立する。よって $BX = Q$ となる。■

今，$|A| \neq 0$ となる行列 A を単位行列 E にする基本変形を行列 (A, E) にかけると，ある正方行列 Q に対し (E, Q) の形になる。基本変形の可逆性より，(E, Q) を基本変形により (A, E) にできるため，行列 Q は（$EQ = Q$ を満たすため）補題 7.3 より $AQ = E$ を満たす。一方，同じ基本変形により行列 (E, A) は (Q, E) になるから A は方程式 $QX = E$ の解であり，$QA = E$ となる。よって Q は A の逆行列となり，以下の定理を証明できる。

定理 7.3 $|A| \neq 0$ となるような $n \times n$ 行列 A があるとき，基本変形により $n \times 2n$ 行列 (A, E) を，ある正方行列 Q に対し (E, Q) の形にでき，$A^{-1} = Q$ となる。

例 7.2 行列 $A = \begin{pmatrix} 1 & 1 \\ 0 & 1 \end{pmatrix}$ に対し，下のように行列 (A, E) を基本変形し左半分を単位行列にすることで，逆行列 A^{-1} が $\begin{pmatrix} 1 & -1 \\ 0 & 1 \end{pmatrix}$ となることがわかる。

$$(A, E) = \begin{pmatrix} 1 & 1 & | & 1 & 0 \\ 0 & 1 & | & 0 & 1 \end{pmatrix} \stackrel{R(1,2,-1)}{\to} \begin{pmatrix} 1 & 0 & | & 1 & -1 \\ 0 & 1 & | & 0 & 1 \end{pmatrix}$$

章末問題

問題 7.1 以下の行列 A の $(1,3)$ 成分を要として第 3 列を掃出せ。
$$A = \begin{pmatrix} 0 & 1 & 5 \\ 2 & 4 & 1 \\ 5 & 7 & 0 \end{pmatrix}$$

問題 7.2 以下の連立方程式の拡大係数行列について,基本変形により右端の列以外を単位行列にせよ。そして解を求めよ。
$$x + 2y = 2$$
$$2x - y = 6$$

問題 7.3 以下の 3 元連立方程式を掃出し法により解け。
$$x + y - 2z = 8$$
$$2x - y + 4z = 15$$
$$-x + 3y + z = 3$$

問題 7.4 行列 $\begin{pmatrix} 1 & 0 \\ 3 & 0 \end{pmatrix}$ に基本変形を何回行っても単位行列にならないことを示せ。

問題 7.5 基本変形により,以下の行列の逆行列を計算せよ。
$$A = \begin{pmatrix} 1 & 1 & 3 \\ 0 & 1 & 2 \\ 0 & 0 & 1 \end{pmatrix}$$

第 8 章

連立方程式の一般的分析

前章では,連立方程式の係数行列が基本変形により単位行列になるケースのみを考察した。この場合は方程式の解がただ 1 つ存在した。しかし一般的には方程式の解が複数ある場合も,存在しない場合もある。本章では連立方程式の解の一般的解法を,階段行列という特殊な行列を用いて考える。この章の結果導かれる定理が,次章の固有値,固有ベクトルの理論に用いられることになる。

8.1 階段行列

本節では,連立方程式の分析に必要不可欠な行列である階段行列を説明する。

8.1.1 定　義

$m \times n$ 行列 H が,要素が r 個の集合 $F = \{f_1, f_2, ..., f_r\}$ を**型**とする(既約)**階段行列**であるとは,H および集合 F が以下の性質を満たすことを意味する。

1) F の要素 f_i は自然数であり $1 \leq f_1 < f_2 < ... < f_r \leq n$ を満たす。
2) 第 f_i 列 $(i = 1, 2, ..., r)$ は第 i 単位ベクトル $\vec{e}_i$ となる。
3) 第 f_1 列の左側にもし列がある場合,その列はゼロベクトル $\vec{0}$ となる。
4) 第 f_i 列 $(i = 1, 2, ..., r-1)$ と第 f_{i+1} 列の間にもし列がある場合,その列の第 $i+1$ 行目およびそれより下にはすべて 0 が並ぶ。
5) 第 f_r 列の右側にもし列がある場合,その列の第 $r+1$ 行目およびそれより下にはすべて 0 が並ぶ。

階段行列の定義は非常に難解であるので,以下では例を使って説明する。

8.1 階 段 行 列

例 8.1 下の行列 C は集合 $\{f_1, f_2\} = \{2, 4\}$ を型とする階段行列である。
$$C = \begin{pmatrix} 0 & 1 & 2 & 0 & 7 \\ 0 & 0 & 0 & 1 & 4 \\ 0 & 0 & 0 & 0 & 0 \end{pmatrix}$$

第 f_1 列の左の第 1 列は $\vec{0}$ である。また、第 f_1 列は $\vec{e}_1$、第 f_2 列は $\vec{e}_2$ である。さらに、第 f_1 列と第 f_2 列の間にある第 3 列の 2 行目以降および第 f_2 列の右の第 5 列の 3 行目以降には 0 が並ぶ。よって C は階段行列である。

型の要素の数が 3 の階段行列を一般的に表記すると以下のようになる。ここで $*$ 印にはどんな数字が入ってもよい（$*$ 印のついた列、そして左端の 0 だけが並んでいる列がなくてもよい）。

$$\begin{pmatrix}
0 & \cdots & 1 & * & \cdots & * & 0 & * & \cdots & * & 0 & * & \cdots & * \\
0 & \cdots & 0 & 0 & \cdots & 0 & 1 & * & \cdots & * & 0 & * & \cdots & * \\
0 & \cdots & 0 & 0 & \cdots & 0 & 0 & 0 & \cdots & 0 & 1 & * & \cdots & * \\
0 & \cdots & 0 & 0 & \cdots & 0 & 0 & 0 & \cdots & 0 & 0 & 0 & \cdots & 0 \\
\vdots & & \vdots & \vdots & & \vdots & \vdots & \vdots & & \vdots & \vdots & \vdots & & \vdots \\
0 & \cdots & 0 & 0 & \cdots & 0 & 0 & 0 & \cdots & 0 & 0 & 0 & \cdots & 0
\end{pmatrix}$$

n 次単位行列 E_n は型が列番号全体の集合 $\{1, 2, ..., n\}$ となる階段行列である。たとえば $E_2 = \begin{pmatrix} 1 & 0 \\ 0 & 1 \end{pmatrix}$ は型が $\{1, 2\}$ の階段行列である。

階段行列の列ベクトルを左から順に見ると、第 i 単位ベクトルが列に現れて初めて第 i 行に 0 以外の数が並ぶことがわかる。つまり、ゼロベクトル、第 1 単位ベクトル、2 行目以降が 0 のベクトル、第 2 単位ベクトル、3 行目以降が 0 のベクトル、第 3 単位ベクトル $\cdots$ の順で左から並ぶ。別の言い方をすれば、階段行列の (i, j) 成分が 0 でないとき、第 1 列と第 j 列の間に計 i 個の単位ベクトル $\vec{e}_1, \vec{e}_2, ..., \vec{e}_i$ が左から順にすべて現れる。

例 8.2 行列 $F = \begin{pmatrix} 1 & 7 \\ 0 & 1 \end{pmatrix}, G = \begin{pmatrix} 0 & 0 \\ 0 & 1 \end{pmatrix}, H = \begin{pmatrix} 0 & 1 \\ 1 & 0 \end{pmatrix}$ はどれも階段行列ではない。まず、F の $(2, 2)$ 成分は 0 でないが、第 2 列およびその左側の第 1 列に $\vec{e}_2 = \begin{pmatrix} 0 \\ 1 \end{pmatrix}$ が現れない。次に、G の $(2, 2)$ 成分は 0 ではないが、第 2

列およびその左に $\vec{e}_1 = \begin{pmatrix} 1 \\ 0 \end{pmatrix}$ が現れない．最後に H の $(2,1)$ 成分は 0 ではないが，第 1 列より左は $\vec{e}_1$ ではない．

階段行列において列番号が型に含まれるような列を**型に属する（入る）列**，そうでない列を**型に属さない（入らない）列**とよぶ．型に属さない列の列ベクトルは，型に属する列の列ベクトル（単位ベクトル）の線形結合として表せる．

例 8.3 例 8.1 において，行列 C の第 5 列ベクトル $\vec{c}_5 = \begin{pmatrix} 7 \\ 4 \\ 0 \end{pmatrix}$ は，第 2 列ベクトル $\vec{c}_2 = \vec{e}_1 = \begin{pmatrix} 1 \\ 0 \\ 0 \end{pmatrix}$ と第 4 列ベクトル $\vec{c}_4 = \vec{e}_2 = \begin{pmatrix} 0 \\ 1 \\ 0 \end{pmatrix}$ との線形結合（2.2 節参照）として，$\vec{c}_5 = 7\vec{c}_2 + 4\vec{c}_4$ のように表現できる．

階段行列の性質は左の列から順に決まる．よって階段行列が与えられたとき，その行列のある列より右側の列をすべて取り除いてできる行列も階段行列となる．たとえば型が $\{1,4,5\}$ の階段行列 $\begin{pmatrix} 1 & a & b & 0 & 0 & c \\ 0 & 0 & 0 & 1 & 0 & d \\ 0 & 0 & 0 & 0 & 1 & e \end{pmatrix}$ の第 5 列以降を除いてできる行列 $\begin{pmatrix} 1 & a & b & 0 \\ 0 & 0 & 0 & 1 \\ 0 & 0 & 0 & 0 \end{pmatrix}$ も階段行列である（ただし型は $\{1,4\}$ となる）．また，連立方程式 $H\vec{x} = \vec{q}$ の拡大係数行列 $(H, \vec{q})$ が階段行列なら，係数行列 H も階段行列となる．

8.1.2 階段行列への変形

本項では，$m \times n$ 行列を基本変形により階段行列にするステップを説明する．

ステップ 1 0 以外の成分がある列を第 1 列から順に右方向に探し，最初の列を第 f_1 列とする．そして第 f_1 列で 0 以外の値がある行番号 i を 1 つ選ぶ．次に第 1 行と第 i 行を交換し，$(1, f_1)$ 成分を要として第 f_1 列を掃出す．$f_1 = n$ の場合行列は型が $\{f_1\}$ の階段行列となりステップを終了し，$f_1 < n$ ならステップ 2 に移る．

ステップ k (≥ 2) 0 以外の成分が第 k 行目およびその下にある列を第 f_{k-1} 列より右の列で探す．

a) 列が見つかった場合，その列番号を f_k，そして行番号を i とする．第 i

行と第 k 行を交換し，次に (k, f_k) 成分を要として第 f_k 列を掃出す．$f_k = n$ の場合行列は型が $\{f_1, f_2, ..., f_k\}$ の階段行列となり，終了する．$f_k < n$ ならステップ $k+1$ に移行する．

b) 列が見つからない場合，行列は型が $\{f_1, f_2, ..., f_{k-1}\}$ の階段行列となりステップを終了する．

例 8.4 行列 $A = \begin{pmatrix} 0 & 0 & 0 \\ 0 & 4 & 16 \\ 0 & 3 & 0 \end{pmatrix}$ を，上述のステップにより階段行列にする．

ステップ 1 A の第 1 列はゼロベクトルだが，第 2 列は 2 行目に 4 があるため $f_1 = 2$ である．第 1 行と第 2 行を交換し A を $\begin{pmatrix} 0 & 4 & 16 \\ 0 & 0 & 0 \\ 0 & 3 & 0 \end{pmatrix}$ とし，次に $(1, 2)$ 成分を要として第 2 列を掃出すと $B = \begin{pmatrix} 0 & 1 & 4 \\ 0 & 0 & 0 \\ 0 & 0 & -12 \end{pmatrix}$ となる．

ステップ 2 行列 B の第 2 列の隣の第 3 列には，3 (≥ 2) 行目に 0 以外の数字 -12 がある．よって，$f_2 = 3$ である．第 3 行と第 2 行を交換し，$(2, 3)$ 成分を要として第 3 列を掃出すと B は $H = \begin{pmatrix} 0 & 1 & 0 \\ 0 & 0 & 1 \\ 0 & 0 & 0 \end{pmatrix}$ となる．この段階で右端の列に到達しているので作業を終了し，型が $\{2, 3\}$ の階段行列 H を得る．

8.1.3 線形独立性の保存（発展）

基本変形は行列の成分を変えるが，列ベクトル同士の線形独立性（2.4 節参照）を変えない．まず，ベクトルの線形結合と基本変形に対する以下の定理を証明する．

定理 8.1 $m \times n$ 行列 $A = (\vec{a}_1, ..., \vec{a}_n)$ を基本変形して $B = (\vec{b}_1, ..., \vec{b}_n)$ となったとする．ここで，実数の組 $(x_1, x_2, ..., x_n)$ に対して，$\sum_{k=1}^{n} x_k \vec{a}_k = \vec{0}$ ならば $\sum_{k=1}^{n} x_k \vec{b}_k = \vec{0}$ であり，その逆も成り立つ．

証明 n 次元ベクトル $\vec{x} = (x_1, x_2, ..., x_n)^\top$ に対し，$\sum_{k=1}^{n} x_k \vec{a}_k = A\vec{x}$ が成立する．ゼロベクトル $\vec{0}$ を基本変形しても $\vec{0}$ のままであるから，A を B に変える

基本変形を拡大係数行列 $(A,\vec{0})$ にかけたら $(B,\vec{0})$ となる。よって $A\vec{x}=\vec{0}$ なら $B\vec{x}=\vec{0}$ となる。ここで $B\vec{x}=\sum_{k=1}^{n}x_k\vec{b}_k$ であるから，$\sum_{k=1}^{n}x_k\vec{a}_k=\vec{0}$ なら $\sum_{k=1}^{n}x_k\vec{b}_k=\vec{0}$ となる。その逆は基本変形の可逆性より明らかである。 ■

この命題を用いると列ベクトルに関する以下の2つの定理を証明できる。

定理 8.2 $m\times n$ 行列 $A=(\vec{a}_1,...,\vec{a}_n)$ を基本変形して $B=(\vec{b}_1,...,\vec{b}_n)$ となったとする。列番号の集合 $\{1,2,...n\}$ の部分集合 $\{g_1,...,g_i\}$ に対し，A の列ベクトルの部分集合 $\{\vec{a}_{g_1},...,\vec{a}_{g_i}\}$ が線形独立であることと，B の列ベクトルの部分集合 $\{\vec{b}_{g_1},...,\vec{b}_{g_i}\}$ が線形独立であることは同値である。

証明 命題の対偶をとり，$\vec{a}_{g_1},...,\vec{a}_{g_i}$ が線形従属であることと，$\vec{b}_{g_1},...,\vec{b}_{g_i}$ が線形従属であることの同値性を示す。ここで2つの $m\times i$ 行列 $S=(\vec{a}_{g_1},...,\vec{a}_{g_i})$，$T=(\vec{b}_{g_1},...,\vec{b}_{g_i})$ を考える。もし S の列ベクトル $\vec{a}_{g_1},...,\vec{a}_{g_i}$ が線形従属なら，あるベクトル $\vec{y}\neq\vec{0}$ に対し $S\vec{y}=\vec{0}$ となる。基本変形により，異なる列の成分から影響を受けることはないので A を B に変える基本変形により S は T になる。よって $T\vec{y}=\vec{0}$ となる。つまり行列 T の列ベクトル $\vec{b}_{g_1},...,\vec{b}_{g_i}$ は線形従属である。基本変形の可逆性より逆も証明できる。 ■

定理 8.3 行列 A を基本変形したら型が $F=\{f_1,...,f_r\}$ の階段行列 H になったとする。A の列ベクトルの部分集合 $\{\vec{a}_{f_1},\vec{a}_{f_2},...,\vec{a}_{f_r}\}$ は線形独立であり，行列 A の残りの列ベクトルはすべて，$\{\vec{a}_{f_1},\vec{a}_{f_2},...,\vec{a}_{f_r}\}$ の線形結合として表せる。

証明 1以上 r 以下の任意の i について，H の第 f_i 列ベクトル $\vec{h}_{f_i}$ は $\vec{e}_i$ に等しく，異なる単位ベクトルは線形独立であるから，定理8.2より $\vec{a}_{f_1},...,\vec{a}_{f_i}$ も線形独立となる。一方，型に属さない列の列ベクトル $\vec{h}_i$ (ただし $i\notin F$) は $r+1$ 行以降にすべて0が並ぶから，型に属する列ベクトル $\vec{h}_{f_1},\vec{h}_{f_2},...,\vec{h}_{f_r}$ の線形結

合として表せるため，定理 8.1 より A の第 i 列 $\vec{a}_i (i \notin F)$ は $\vec{a}_{f_1}, \vec{a}_{f_2}, ..., \vec{a}_{f_r}$ の線形結合として表せる。∎

例 8.5 $A = \begin{pmatrix} 2 & 4 \\ 3 & 6 \end{pmatrix}$ の列ベクトルは $2\vec{a}_1 = \vec{a}_2$ を満たすため線形従属である。第 3 基本変形 $R(2,1,1)$ により行列は $B = \begin{pmatrix} 2+3 & 4+6 \\ 3 & 6 \end{pmatrix} = \begin{pmatrix} 5 & 10 \\ 3 & 6 \end{pmatrix}$ となるが，B の第 1 列ベクトル $\vec{b}_1$ と第 2 列ベクトル $\vec{b}_2$ は $2\vec{b}_1 = \vec{b}_2$ をみたし線形従属のままである。それだけでなく，第 2 列が第 1 列の 2 倍であるという性質も変わっていない。

8.1.4 階数と逆行列

私たちはすでに，n 次正方行列 A の行列式が 0 でない場合，必ず逆行列が存在することを示した。本項では，階段行列の知識を使い，行列式が 0 の場合には逆行列が存在しないことを示す。

定理 8.4 n 次正方行列 A に逆行列 A^{-1} が存在することと $|A| \neq 0$ であることは同値である。

証明 $|A| \neq 0$ なら A^{-1} があることは 6.3 節で示している。以下では A^{-1} が存在するなら $|A| \neq 0$ となることを示す。いま $|A| = 0$ なる行列 A に逆行列 M があると仮定する。仮定より $AM = E$ なので，行列 (A, E) を基本変形により階段行列 (H, Q) にすると，H と Q は $HM = Q$ をみたす。ここで，H も階段行列であり，同じ基本変形により，A は H に，そして単位行列 E は Q になるため定理 5.4 より $|H| = 0$ かつ $|Q| \neq 0$ である。$|H| = 0$ より，階段行列 H の型に属する列の数は $n - 1$ 個以下となり，第 n 行には 0 が並ぶ。よって行列 $HM = Q$ の第 n 行にもすべて 0 が並ぶ。この場合 $|Q| = 0$ となり矛盾する。∎

行列 A に基本変形を行い，型の要素の数が r の階段行列 H にできるとき，r を行列 A の**階数**とよび rank(A) と書く。後述するように，各行列に対し，基本

変形によりできる階段行列は唯一に定まる。つまり階数も唯一に定まる。

型は階段行列の列番号の部分集合であるため，その要素の数である階数はつねに列数より少ない。つまり $m \times n$ 行列 A は $\mathrm{rank}(A) \leq n$ をみたす。また階数が r のとき，H の列には $\vec{e}_r$ が現れるため行数は r 以上でなくてはならない。つまり $\mathrm{rank}(A) \leq m$ も成立する。なお，階数には，A の列ベクトルの中で線形独立なものの最大個数であるという性質があるが，これについては巻末の付録「線形空間」でふれる。

例 8.6 行列 $A = \begin{pmatrix} 1 & 2 & 0 & 2 \\ 2 & 4 & 1 & 8 \end{pmatrix}$ に基本変形 $R(2, 1, -2)$ をかけると型が $\{1, 3\}$ の階段行列 $\begin{pmatrix} 1 & 2 & 0 & 2 \\ 0 & 0 & 1 & 4 \end{pmatrix}$ になる。型の要素は 2 つあり $\mathrm{rank}(A) = 2$ となる。

最後に n 次正方行列の階数，線形独立性，そして行列式との関係をまとめる。

定理 8.5 n 次正方行列 A に関して，以下のことは同値である。

1) $|A| \neq 0$
2) $\mathrm{rank}(A) = n$
3) A の n 個の列ベクトル $\vec{a}_1, ..., \vec{a}_n$ は線形独立である。
4) A に逆行列が存在する。

証明 行列 A を基本変形により階段行列 H にしたとする。まず $\mathrm{rank}(A) = n$ の場合，行列 H には n 種類の単位ベクトル $\{\vec{e}_1, \vec{e}_2, ..., \vec{e}_n\}$ が含まれるため $H = E$ となる。ここで $|E| \neq 0$ のため，補題 7.1 より $|A| \neq 0$ となる。一方，$\mathrm{rank}(A) \neq n$ つまり $\mathrm{rank}(A) < n$ となる場合，H の列ベクトルには $\vec{e}_n$ が現れない。よって H の第 n 行には 0 が並び，$|H| = 0$ つまり $|A| = 0$ となる。よって 1) と 2) は同値である。次に $\mathrm{rank}(A) = n$ なら $H = E$ となる。E の列ベクトルは線形独立であるため，定理 8.3 より A の列ベクトルも線形独立となる。一方，$\mathrm{rank}(A) < n$ なら，H の列ベクトルの中に型に対応しないものが 1 つ存在し，そのベクトルは，型に対応するベクトルの線形結合として表せるため，A の列ベクトルも線形従属となる。よって 2) と 3) も同値である。定理 8.4 です

でに 1) と 4) の同値性は示している。■

定理 8.5 より，n 次元空間において線形独立な n 個のベクトル $\{\vec{v}_1, \vec{v}_2, ..., \vec{v}_n\}$ が与えられたとき，残りのすべての n 次元ベクトル $\vec{a}$ はこの n 個のベクトルの線形結合で表現できること，つまりある n 個の実数 x_i について，$\vec{a} = \sum_{i=1}^{n} x_i \vec{v}_i$ となることを示すことができる。ベクトル $\vec{v}_i$ を列ベクトルとして持つような行列を $V = (\vec{v}_1, ..., \vec{v}_n)$，そして未知数 x_i を縦に並べてできるベクトルを $\vec{x}$ とすると，線形結合の式は $\vec{a} = V\vec{x}$ と書ける。定理 8.5 より，列ベクトルが線形独立な行列 V には逆行列が存在するので，$\vec{x}$ を $V^{-1}\vec{a}$ と置けば題意をみたすことがわかる。なおこのことは，n 次元空間に $n+1$ 個以上の線形独立なベクトルをみつけることはできないことを意味している。

8.1.5 階段行列の唯一性（発展）

行列を基本変形により階段行列にする方法は一通りとは限らないが，同じ行列から異なる階段行列ができることはあるであろうか。本項ではこのことを考える。今，行列 A を基本変形して 2 種類の階段行列 B および C ができたと仮定する。B の型を $\{f_1, f_2, ..., f_r\}$，C の型を $\{g_1, g_2, ..., g_s\}$ とする。基本変形の可逆性より C を基本変形により B にできる。まず 2 つの型が一致することを示す。

はじめに $f_1 = g_1$ を示す。もし $f_1 < g_1$ なら，C は階段行列であるから $\vec{c}_{f_1} = \vec{0}$ となる。ゼロベクトルが列ベクトルとなるような列を基本変形しても列はゼロベクトルのままである。よって $\vec{b}_{f_1} = \vec{0}$ となるが，これは f_1 が B の型であることに矛盾する。同様に $f_1 > g_1$ も起こりえない。

次に，任意の $k \leq \min\{r, s\}$ について $f_k = g_k$ となることを背理法（1.5 節参照）により示す。今，$f_k \neq g_k$ なる数 k があったとして，その中で最小の数を仮に 3 とする（3 でなくても同様の議論ができる）。この場合仮定より，$f_1 = g_1, f_2 = g_2$ かつ $\vec{b}_{f_i} = \vec{c}_{g_i} = \vec{e}_i$ $(i = 1, 2)$ となる。ここで $f_3 < g_3$ として一般性を失わない。このとき C の第 f_3 列 $\vec{c}_{f_3}$ は $\{\vec{c}_{g_1}, \vec{c}_{g_2}\}$ の線形結合 $\vec{c}_{f_3} = p\vec{c}_{g_1} + q\vec{c}_{g_2}$ と表せる。基本変形は線形結合の関係を変えない（定理 8.2 の証明を参照）ため，$\vec{b}_{f_3} = p\vec{b}_{g_1} + q\vec{b}_{g_2}$ も成立する。よって単位ベクトルに関

する式 $\vec{e}_3 = p\vec{e}_1 + q\vec{e}_2$ を得るが,異なる単位ベクトルは線形独立なので矛盾である。

最後に $r = s$ を示す。$r < s$ として矛盾を導く。この場合,$f_r = g_r < g_s$ であるから,$\vec{b}_{g_s}$ は $\{\vec{b}_{f_1}, ..., \vec{b}_{f_r}\}$ の線形結合として表現できる。よって $\vec{c}_{g_s} = \vec{e}_s$ も列ベクトル $\{\vec{c}_{f_1}, ..., \vec{c}_{f_r}\} = \{\vec{e}_1, ..., \vec{e}_r\}$ の線形結合として表現できないといけないが,これは矛盾である。よって $r = s$ となる。このことは B と C の型が一致することを意味する。

次に,型に入らない列の列ベクトルが一致することを示す。型に入らない列番号を1つ選び x とすると $\vec{b}_x$ は型に属する列の列ベクトル $\vec{b}_{f_i}$ の線形結合 $\vec{b}_x = \sum_{i=1}^n p_i \vec{b}_{f_i}$ として表現できる。このことは $\vec{c}_x = \sum_{i=1}^n p_i \vec{c}_{f_i}$ を意味するが,$\vec{b}_{f_i} = \vec{c}_{f_i} = \vec{e}_i$ より $\vec{b}_x = \vec{c}_x$ となる。よって $B = C$ となる。つまり行列を基本変形してできる**階段行列は唯一に定まる**のである。

8.2 連立方程式の一般解

本節では,基本変形を用いて連立方程式の解を求める一般的方法を学ぶ。$m \times n$ 行列 A およびベクトル $\vec{p}$ を用いて表現できる連立方程式 $A\vec{x} = \vec{p}$ を考える。この拡大係数行列 $(A, \vec{p})$ を基本変形し,要素の数が r 個の集合 $F = \{f_1, f_2, ..., f_r\}$ を型とする階段行列 $(H, \vec{q})$ にしたとする。この場合,$\text{rank}(A, \vec{p}) = r$ となる。定理 7.1 より $A\vec{x} = \vec{p}$ の解と $H\vec{x} = \vec{q}$ の解は一致する。解基本変形による成分の変更は行ごとにまとめて行われ,異なる列にある成分同士が影響しあうことはない。よって $(A, \vec{p})$ を $(H, \vec{q})$ に変える基本変形により A は H になる。また,階段行列の性質は左の列から順にきまるので,$(H, \vec{q})$ が階段行列なら H も階段行列になる。つまり $\text{rank}\, A$ は H の型の数に等しい。

もし $m \times (n+1)$ 行列 $(H, \vec{q})$ の右端の列が型に入るなら,つまり $f_r = n + 1$ なら階段行列 H の型は F から最後の要素 f_r を取り除いたものとなり,この場合,$\text{rank}(A) = r - 1$ かつ $\text{rank}(A, \vec{p}) = r$ となる。そうでない場合,H の型は F に一致し,$\text{rank}(A) = \text{rank}(A, \vec{p}) = r$ となる。つまり $\text{rank}(A, \vec{p}) = \text{rank}(A)$ あるいは $\text{rank}(A, \vec{p}) = \text{rank}(A) + 1$ のどちらかが必ず成立する。以後場合分け

8.2 連立方程式の一般解

して考える。

8.2.1 解が存在しない場合

本項においては，$\text{rank}(A, \vec{p}) = \text{rank}(A) + 1 = r$ の場合を考える。このとき H の第 r 行には 0 が並び，かつ $\vec{q} = \vec{e}_r$ の第 r 成分 q_r は 1 となる。この場合連立方程式 $H\vec{x} = \vec{q}$ の r 番目の式

$$h_{r1}x_1 + h_{r2}x_2 + \cdots + h_{rn}x_n = q_r$$

は，$0 = 1$ という，どんな未知数に対しても成立しえない等式となる。よってこの連立方程式には解がない。このことは，もともとの連立方程式 $A\vec{x} = \vec{p}$ に解が存在しないことを意味する。つまり連立方程式の**拡大係数行列の階数が係数行列の階数より大きいなら，方程式の解は存在しない**。

例 8.7 連立方程式 $x - 3y = 0$, $2x - 6y = 1$ の拡大係数行列 $(A, \vec{p}) = \begin{pmatrix} 1 & -3 & 0 \\ 2 & -6 & 1 \end{pmatrix}$ に基本変形 $R(2, 1, -2)$ を行い階段行列 $(H, \vec{q}) = \begin{pmatrix} 1 & -3 & 0 \\ 0 & 0 & 1 \end{pmatrix}$ にする。このとき同じ基本変形により A は H になる。また，$(H, \vec{q})$ の最も右の第 3 列は型に入る。よって $\text{rank}(A, \vec{p}) = 2$ であり，かつ $\text{rank}(A) = 1$ である。今，$(H, \vec{q})$ を拡大係数行列とする連立方程式 $H\vec{x} = \vec{q}$ は，第 1 式が $x - 3y = 0$ であり，第 2 式が $0 = 1$ であるが，第 2 式は未知数の値によらず成立しないためこの方程式には解がない。

8.2.2 解が存在する場合

本項では $\text{rank}(A) = \text{rank}(A, \vec{p}) = r$ の場合を考える。本書では以後 n 個の未知数 $x_1, x_2, ..., x_n$ の中で，番号 k が拡大係数行列の型に含まれるような未知数 x_k（計 r 個）を**型に対応する未知数**，そして番号 k が型の中に入っていない未知数 x_k（計 $n - r$ 個）を**型に対応しない未知数**とよぶことにする。

仮定より，拡大係数行列 $(A, \vec{p})$ に対応する階段行列 $(H, \vec{q})$ の第 $r + 1$ 行以降には 0 が並ぶ。よって連立方程式 $H\vec{x} = \vec{q}$ の i 番目の式 $\sum_{k=1}^{n} x_k h_{ik} = q_i$ は $i \geq r + 1$ なら，つねに成立する式 $0 = 0$ を意味する。なお h_{ik} は H の (i, k) 成分である。以下では 1 番目から r 番目の式を考える。今，i 番目の式の左辺 $\sum_{k=1}^{n} x_k h_{ik}$ を，未知数が型 F に対応するか否かで分けると

$$\sum_{k=1}^{n} x_k h_{ik} = \sum_{k \in F} x_k h_{ik} + \sum_{k \notin F} x_k h_{ik}$$

と書くことができる．ここで，$F = (f_1, f_2, \cdots, f_r)$ であるから，右辺第 1 項 $\sum_{k \in F} x_k h_{ik}$ は $\sum_{k=1}^{r} x_{f_k} h_{if_k}$ と書ける．要素 h_{if_k} は，階段行列 H の第 f_k 列の第 i 成分である．ここで第 f_k 列は第 k 単位ベクトルであるため，$k = i$ ならば h_{if_k} の値は 1 となり，$k \neq i$ ならつねに 0 になる．よって右辺第 1 項の値は x_{f_i} に等しい．

以上より，連立方程式 $H\vec{x} = \vec{q}$ の $i \, (= 1, 2, 3, ..., r)$ 番目の式 $\sum_{k=1}^{n} x_k h_{ik} = q_i$ は

$$x_{f_i} + \sum_{k \notin F} x_k h_{ik} = q_i$$

と表せる．ここで左辺第 2 項を右辺に移項した式を第 1 番目から第 r 番目まで書き下すと

$$[1] : x_{f_1} = -\sum_{k \notin F} x_k h_{1k} + q_1$$

$$[2] : x_{f_2} = -\sum_{k \notin F} x_k h_{2k} + q_2$$

$$\vdots$$

$$[r] : x_{f_r} = -\sum_{k \notin F} x_k h_{rk} + q_r$$

となる．上の r 個の式の左辺には型に対応する未知数のみが 1 種類ずつ，そして右辺には型に対応しない未知数のみが現れている．よって，**型に対応しない未知数の値が何であっても**，型に対応する未知数を上式をみたすように決めることができ，このとき $\vec{x}$ が解となる．つまり以下のことが証明できる．

定理 8.6 未知数 $\vec{x} \in \mathbb{R}^n$ に関する連立方程式 $A\vec{x} = \vec{p}$（ただし A は $m \times n$ 行列で $\vec{p}$ は m 次ベクトル）において，係数行列 A と拡大係数行列 $(A, \vec{p})$ の階数が等しいとする．拡大係数行列 $(A, \vec{p})$ を基本変形してできる階段行列を $(H, \vec{q})$ そしてその型を $F = \{f_1, f_2, ..., f_r\}$ とするとき，方程式の解

8.2 連立方程式の一般解

$\vec{x}$ は以下のように与えられる。ここで h_{ik} は行列 H の (i,k) 成分をさす。

$$x_k = 任意の実数 \quad (k \notin F のとき)$$
$$x_{f_i} = q_i - \sum_{k \notin F} x_k h_{ik} \quad (i = 1, 2, ..., r)$$

係数行列と拡大係数行列の階数が異なる場合解が存在しない。

例 8.8 3元連立方程式 $x_1 + 7x_3 = 6, x_2 + 5x_3 = 9, x_1 + x_2 + 12x_3 = 15$ の拡大係数行列 $\begin{pmatrix} 1 & 0 & 7 & 6 \\ 0 & 1 & 5 & 9 \\ 1 & 1 & 12 & 15 \end{pmatrix}$ に基本変形 $R(3,1,-1,)$ と $R(3,2,-1)$ を行うと以下のような階段行列になる。

$$(H, \vec{q}) = \begin{pmatrix} 1 & 0 & 7 & 6 \\ 0 & 1 & 5 & 9 \\ 0 & 0 & 0 & 0 \end{pmatrix}$$

行列 $(H, \vec{q})$ の型は $\{f_1, f_2\} = \{1, 2\}$ であり，第3列は型に入っていない。この行列を拡大係数行列とする連立方程式 $H\vec{x} = \vec{q}$ は

$$x_1 + 7x_3 = 6$$
$$x_2 + 5x_3 = 9$$
$$0 = 0$$

と書ける。最後の式は未知数によらず成立するので以後無視する。残り2つの式を型 $\{1, 2\}$ に対応する未知数 x_1, x_2 についての条件式に書き直すと

$$x_1 = 6 - 7x_3$$
$$x_2 = 9 - 5x_3$$

となる。型に対応しない未知数 x_3 がどんな値でも，上の式を満たす x_1, x_2 を見つけられる。たとえば，$x_3 = 0$ なら $(x_1, x_2) = (6, 9)$，また $x_3 = 1$ なら $(x_1, x_2) = (-1, 4)$ とできる。方程式の解は以下のように書ける。

$$\vec{x} = \begin{pmatrix} x_1 \\ x_2 \\ x_3 \end{pmatrix} = \begin{pmatrix} 6 - 7x_3 \\ 9 - 5x_3 \\ x_3 \end{pmatrix} ただし x_3 は任意の実数$$

8.2.3 斉次連立方程式

定数ベクトルがゼロベクトルの場合の連立方程式 $A\vec{x} = \vec{0}$ を**斉次連立方程式**とよぶ。$\vec{x} = \vec{0}$ はこの斉次連立方程式の自明な解であるが，下の定理はゼロベクトル以外の解の存在条件を示している。

> **定理 8.7** $m \times n$ 行列 A が $\mathrm{rank}(A) < n$ のとき，斉次連立方程式 $A\vec{x} = \vec{0}$（ただし $\vec{x} \in \mathbb{R}^n$）にはゼロベクトルでない解が存在する。

証明 行列 A を基本変形し，型が $F = \{f_1, f_2, ..., f_r\}$ の階段行列 H にしたとする。基本変形はゼロベクトルを変化させないので行列 $(A, \vec{0})$ は同じ基本変形により $(H, \vec{0})$ となる。よって $A\vec{x} = \vec{0}$ の解は $H\vec{x} = \vec{0}$ の解と一致する。仮定より $m \times n$ 行列 H の列番号の中で型に入らない番号 p がある。ここで未知数 $\vec{x}$ を 1) $x_p = 1$, 2) x_p 以外で型に対応しない未知数 x_i の値を 0，そして 3) 型に対応する未知数 $x_{f_i} (i = 1, 2, ..., r)$ を $x_{f_i} = -\sum_{k \notin F} x_k h_{ik} = -h_{pi}$ と定める。このとき $\vec{x} \neq \vec{0}$ は $H\vec{x} = \vec{0}$ を満たす。 ∎

係数行列が正方行列の場合の斉次連立方程式の解は以下の定理を満たす。この定理は次章の固有ベクトルを理解するのに重要な役割を果たす。

> **定理 8.8** n 次行列 A が $|A| = 0$ を満たすとき，斉次連立方程式 $A\vec{x} = \vec{0}$ にはゼロベクトル以外の解がある。

証明 定理 8.5 より $|A| = 0$ なら $\mathrm{rank}(A) < n$ となる。係数行列の階数がその列数（この場合は n）未満の場合に方程式 $A\vec{x} = \vec{0}$ に $\vec{0}$ 以外の解があることは定理 8.7 で示している。 ∎

例 8.9 連立方程式 $\begin{pmatrix} 1 & -1 \\ 2 & -2 \end{pmatrix} \begin{pmatrix} x_1 \\ x_2 \end{pmatrix} = \begin{pmatrix} 0 \\ 0 \end{pmatrix}$ を考える。係数行列 $A = \begin{pmatrix} 1 & -1 \\ 2 & -2 \end{pmatrix}$ の行列式は 0 である。また A は基本変形 $R(2, 1, -2)$ により階段行列 $\begin{pmatrix} 1 & -1 \\ 0 & 0 \end{pmatrix}$ になるので $\mathrm{rank}\, A = 1 < 2$ である。型 $\{1\}$ に対応しない未知数 x_2 を 1 に

すると，$x_1 = 1$ となり $\begin{pmatrix} 1 \\ 1 \end{pmatrix}$ はゼロベクトルではない解となる。

章末問題

問題 8.1 行列 $A = \begin{pmatrix} 1 & 3 & 0 \\ 2 & 6 & 4 \\ 2 & 6 & 6 \end{pmatrix}$ を階段行列にせよ。rank A を求めよ。

問題 8.2 下の行列 C が階段行列のとき，a, b の値を計算し，型と階数を求めよ。
$$C = \begin{pmatrix} 1 & a & 2 \\ 0 & b & 1 \end{pmatrix}$$

問題 8.3 以下の連立方程式の解を求めよ。
$$2x - 3y + z = 0$$
$$x - 2y - 3z = 1$$

問題 8.4 斉次連立方程式 $x + y + 2z = 0, -2x + 3y - z = 0, 7x - 8y + 5z = 0$ の 0 以外の解を求めよ。

問題 8.5 連立方程式 $x - 3y + z = 0, 2x - y + z = 1, 5x - 5y + 3z = 7$ に解が存在しないことを示せ。

問題 8.6 以下の階段行列の型を求めよ。
$$\begin{pmatrix} 1 & 1 & 0 & 0 & 0 \\ 0 & 0 & 1 & 1 & 0 \\ 0 & 0 & 0 & 0 & 1 \end{pmatrix}$$

問題 8.7 以下の 3 つの行列が階段行列でない理由を述べよ。また，基本変形により階段行列にせよ。
$$A = \begin{pmatrix} 1 & 1 & 0 \\ 0 & 1 & 0 \\ 0 & 0 & 1 \end{pmatrix}, \quad B = \begin{pmatrix} 0 & 0 & 1 \\ 0 & 1 & 0 \\ 1 & 0 & 0 \end{pmatrix}, \quad C = \begin{pmatrix} 1 & 0 & 0 \\ 0 & 2 & 1 \\ 0 & 0 & 0 \end{pmatrix}$$

問題 8.8 階段行列の定義にてらしあわせ，階段行列 $H = \begin{pmatrix} 1 & 0 & 0 \\ 0 & 1 & 1 \end{pmatrix}$ の型が $\{1, 3\}$ でなく $\{1, 2\}$ である理由を示せ。

第 9 章

固有値と固有ベクトル

経済学では行列の累乗を計算することが多い。行列の積は非常に煩雑であるが，行列をかけた後のベクトルと，かける前のベクトルが平行になるような特殊なベクトルを探しだすことができれば，その計算が簡単になることが知られている。本章ではその固有ベクトルとよばれる特殊なベクトルを見つける方法について説明し，経済学への応用として動学モデルの分析をとり上げる。

9.1 複 素 数

これまで本書では 1 次方程式のみを取り扱ってきた。本章では x^2 などの累乗の項がある n 次方程式を取り扱う。本節ではその分析に必要となる複素数という概念を説明する。

2 乗してマイナス 1 になる数，$\sqrt{-1}$ は，実数の範囲では存在しないが，この数を実数でない別次元の数 i としてとらえることで，多項式をより深く理解できる。この i を**虚数単位**とよぶ。実数 a, b を用いて $a + bi$ と表せるような数を**複素数**，とくに $b \neq 0$ の場合**虚数**とよぶ。実数も複素数の一種である。複素数 $z = a + bi$ に対し，a を**実部**，b を**虚部**とよぶ。複素数全体の集合を $\mathbb{C}$ と表す。

ある複素数 $z = a + bi$ について，虚部の符号を反対にした複素数 $z^* = a - bi$ を z の**共役複素数**という。この共役複素数 $(z^*)^* = a - (-b)i = a + bi$ はもとの複素数 z と一致する。つまり $(z^*)^* = z$ となる。共役複素数ともとの複素数が等しいなら，複素数は実数となる。

複素数 z の**絶対値**を $|z| = \sqrt{a^2 + b^2}$ と定義する。複素数 z の絶対値はその共役複素数の絶対値と等しい。つまり $|z| = |z^*|$ となる。また，$|z| = 0$ ならば $a^2 + b^2 = 0$ つまり $a = b = 0$ となるので $z = 0$ となる。

9.1 複素数

例 9.1 虚数 $z = 3 + 4i$ の共役複素数は $z^* = 3 - 4i$ であり，それらの絶対値は $|z| = |z^*| = \sqrt{3^2 + 4^2} = 5$ である．

虚数と実数はまったく異なる数である．まず虚数単位 i については，$i = x$ となるような実数 x がもし存在するなら両辺を2乗した式 $i^2 = x^2$ も成立するはずである．このとき式の左辺 $i^2 = -1$ は負であるが，実数 x を2乗すると必ず0またはプラスの数になるから矛盾する．よって i は実数でない．

次に，一般的に虚数が実数になることがないことを示す．ある虚数 $a + bi$ (a および b は実数であり，$b \neq 0$) がある実数 p と等しくなったとする．このとき $a + bi = p$ であり，かつ $b \neq 0$ であるから，$i = (p - a)/b$ となる．a, b, p はすべて実数であるため，$(p - a)/b$ も実数となるため i は実数に等しくなることになり矛盾である．よって以下の定理を証明することができる．

定理 9.1 複素数は2通りの方法で表現できない．4つの実数 a, b, c, d に関して，等式 $a + bi = c + di$ が成立する場合 $a = c, b = d$ となる．

証明 まず $b \neq d$ とする．このとき，$a + bi = c + di$ より $i = \frac{c-a}{b-d}$ となるが，これは虚数単位が実数と等しくなることを意味し，矛盾している．よって $a + bi = c + di$ なら $b = d$ となる．このとき自動的に $a = c$ となる．■

複素数 $z = a + bi$ と $w = c + di$ の和・積は以下のように計算できる．

$$(a + bi) + (c + di) = (a + c) + (b + d)i$$
$$(a + bi)(c + di) = (ac - bd) + (bc + ad)i$$

たとえば，$(5 + 2i)(1 + 3i) = -1 + 17i$ のように計算できる．

複素数とその共役複素数との積はその絶対値の2乗となる．つまり $z \cdot z^* = |z|^2$ となる．なぜなら複素数を $a + bi$ と共役複素数 $a - bi$ の積は $(a + bi)(a - bi) = a^2 + b^2$ となるためである．また，上の2番目の式より，zw の絶対値の2乗は $(ac - bd)^2 + (bc + ad)^2 = (a^2 + b^2)(c^2 + d^2)$ となるが，これは z の絶対値の2乗と w の絶対値の2乗に等しい．つまり $|zw| = |z||w|$ となる．

ここで方程式の解の数に関する**代数学の基本定理**を紹介する（証明略）。

定理 9.2 係数が複素数の n 次方程式 $a_n x^n + a_{n-1} x^{n-1} + ... + a_0 = 0 (a_n \neq 0)$ の解は，解の範囲を複素数まで広げると，計 n 個ある。

例 9.2 多項式 $f(x) = x^3 - x^2 + x - 1$ は $(x-1)(x+i)(x-i)$ と因数分解できるので，3 次方程式 $f(x) = 0$ の解は，$1, i, -i$ の 3 個ある。

本書では，複素数を成分とするベクトルを**複素数ベクトル**，そして成分が実数のベクトルを**実ベクトル**とよぶ。複素数ベクトル $\vec{x}$ があるとき，その各成分の共役複素数をとって得られるベクトルを共役複素数ベクトルとよび，$\vec{x}^*$ と表記する。n 次元複素数ベクトルの集合を n 次元複素数ベクトル空間 $\mathbb{C}^n$ とよぶ。

今，複素数 $z = a + bi$ と，平面（**複素平面**）上の 2 次元ベクトル $\vec{z} = \begin{pmatrix} a \\ b \end{pmatrix}$ とを対応させることを考えると，z の絶対値 $|z| = \sqrt{a^2 + b^2}$ とベクトル $\vec{z}$ の大きさ $|\vec{z}|$ は等しい。ここでこの大きさ $|\vec{z}|$ を r，そして $\vec{z}$ と横軸のなす角を θ とおくと，$(\cos\theta, \sin\theta) = (\frac{a}{r}, \frac{b}{r})$ が成り立つので z は $z = r(\cos\theta + i\sin\theta)$ と書ける。これを z の**極形式**とよぶ。たとえば複素数 $\sqrt{3} + i$ は複素平面上のベクトル $\begin{pmatrix} \sqrt{3} \\ 1 \end{pmatrix}$ に対応し，その極形式は $2(\cos 30° + i\sin 30°)$ である。

4.7 節で導いた加法定理より，角度 α, β に対して $(\cos\alpha + i\sin\alpha)(\cos\beta + i\sin\beta) = \cos(\alpha + \beta) + i\sin(\alpha + \beta)$ が成立する。よって自然数 n と角度 θ に対して，**ドモアブルの公式** $(\cos\theta + i\sin\theta)^n = \cos(n\theta) + i\sin(n\theta)$ が成り立つ。たとえば $1 + i = \sqrt{2}(\cos 45° + i\sin 45°)$ の 10 乗は $2^5(\cos 450° + i\sin 450°) = 32i$ である。

9.2 固有値と固有方程式

ある n 次（正方）行列 A とゼロベクトルでない n 次元ベクトル $\vec{x}$ が与えられたとき，積 $A\vec{x}$（n 次元ベクトル）が $\vec{x}$ 自身と平行になるような場合，つま

り $A\vec{x} = \lambda\vec{x}$ となるような数 λ およびベクトル $\vec{x} \neq \vec{0}$ があるとき，このような λ を行列の**固有値**，そして $\vec{x}$ を**固有ベクトル**とよぶ．たとえば $A = \begin{pmatrix} 1 & 3 \\ 0 & 2 \end{pmatrix}$ と $\vec{x} = \begin{pmatrix} 3 \\ 1 \end{pmatrix}$ があるとき，$A\vec{x} = \begin{pmatrix} 6 \\ 2 \end{pmatrix} = 2\vec{x}$ となるので $\vec{x}$ は A の固有ベクトルであり 2 は A の固有値である．

まず固有値を求める．式 $A\vec{x} = \lambda\vec{x}$ は単位行列 E を用いて $A\vec{x} = \lambda E\vec{x}$ と書ける．よって $\vec{x}$ は $(A - \lambda E)\vec{x} = \vec{0}$ をみたす．もし n 次行列 $A - \lambda E$ の行列式が 0 でない，つまり $|A - \lambda E| \neq 0$ なら，この行列には逆行列がある．この場合上の式の両辺に $(A - \lambda E)^{-1}$ をかけて $\vec{x} = 0$ を得るが，これは $\vec{x}$ がゼロベクトル以外という条件に反する．つまり固有値 λ は

$$|A - \lambda E| = 0$$

を満たす．行列 $A - \lambda E$ は n 次行列であり，各成分は λ の 1 次式か λ によらない定数のどちらかである．よって $|A - \lambda E|$ は λ の n 次式となる．一般的に，行列 A が与えられた際，λ に関する n 次式 $f(\lambda) = |A - \lambda E|$ を**固有多項式**とよぶ．そして固有値 λ のみたす方程式 $f(\lambda) = 0$ を**固有方程式**とよぶ．代数学の基本定理により，A の固有値は n 個ある．

固有値 λ に対応する固有ベクトルは，$\vec{x}$ についての式 $(A - \lambda E)\vec{x} = \vec{0}$ の解であるが，この式はいわゆる斉次連立方程式（8.2.3 項参照）で，係数行列 $A - \lambda E$ の行列式は 0 である．よって定理 8.8 より，ゼロベクトルでない $\vec{x}$ が必ず存在する．つまり**固有値に対応する固有ベクトルは必ず存在する**のである．

例 9.3 2 次正方行列 $A = \begin{pmatrix} 3 & 1 \\ 1 & 3 \end{pmatrix}$ の固有方程式は $\begin{vmatrix} 3 - \lambda & 1 \\ 1 & 3 - \lambda \end{vmatrix} = 0$ つまり 2 次式 $(3 - \lambda)^2 - 1 = 0$ であり，解は $\lambda = 2, 4$ である．固有値 2 に対応する固有ベクトル $\begin{pmatrix} x \\ y \end{pmatrix}$ は，$\begin{pmatrix} 3-2 & 1 \\ 1 & 3-2 \end{pmatrix} \begin{pmatrix} x \\ y \end{pmatrix} = \begin{pmatrix} x+y \\ y+x \end{pmatrix} = \begin{pmatrix} 0 \\ 0 \end{pmatrix}$ を満たす．この式は $x = -y$ なら必ず成り立つ．したがってたとえば $\begin{pmatrix} 1 \\ -1 \end{pmatrix}$ や $\begin{pmatrix} 2 \\ -2 \end{pmatrix}$ は固有ベクトルである．一方，固有値 4 に対応する固有ベクトルは式 $\begin{pmatrix} 3-4 & 1 \\ 1 & 3-4 \end{pmatrix} \begin{pmatrix} x \\ y \end{pmatrix} = \begin{pmatrix} -x+y \\ x-y \end{pmatrix} = \begin{pmatrix} 0 \\ 0 \end{pmatrix}$ を満たす．この式は $x = y$ なら必ず成り立つ．したがってたとえば $\begin{pmatrix} 1 \\ 1 \end{pmatrix}$ は固有ベクトルである．

一般に，固有値が複素数の場合，固有ベクトルも複素数ベクトルとなる．

例 9.4 2次正方行列 $A = \begin{pmatrix} 3 & 1 \\ -1 & 3 \end{pmatrix}$ の固有方程式は2次方程式 $(3-\lambda)^2 + 1 = 0$ である。よって固有値は $\lambda = 3+i, 3-i$ となる。先の例と同じように計算することで固有値 $3+i$ に対応する固有ベクトルは $\begin{pmatrix} 1 \\ i \end{pmatrix}$, そして固有値 $3-i$ に対応する固有ベクトルは $\begin{pmatrix} 1 \\ -i \end{pmatrix}$ となる。ともに複素数ベクトルとなっている。

1つの固有値に対応する固有ベクトルは，唯一には定まらない。たとえば，固有値 λ に対応するある固有ベクトル $\vec{p} \neq \vec{0}$ が存在したとする。定義よりこのベクトルは $(A - \lambda E)\vec{p} = \vec{0}$ となるが，この場合，固有ベクトルを2倍してできる新たなベクトル $\vec{q} = 2\vec{p}$ も固有値 λ に対応する固有ベクトルとなる。なぜなら $(A - \lambda E)\vec{q} = 2(A - \lambda E)\vec{p} = 2 \cdot \vec{0} = \vec{0}$ となるからである。一般的に，あるベクトル $\vec{p}$ が固有ベクトルなら，そのベクトルを任意の実数倍したベクトル $a \cdot \vec{p}$（ただし $a \neq 0$）も固有ベクトルとなる。

なお，行列 A が正則である場合，固有多項式は $f(0) = |A| \neq 0$ をみたすため固有値 λ は0でない。ここで A の固有ベクトルを $\vec{v}$ とおくと，$A^{-1}\vec{v} = \frac{1}{\lambda}A^{-1}(\lambda\vec{v}) = \frac{1}{\lambda}A^{-1}A\vec{v} = \frac{1}{\lambda}\vec{v}$ となる。つまり $\vec{v}$ は A の逆行列 A^{-1} の固有ベクトルともなっている。

9.3 固有ベクトルの線形独立性（発展）

正方行列が与えられたとき，その行列の異なる固有値に対応する固有ベクトルは線形独立になる。具体的には，n 次行列 A の固有値の中で異なる $r > 1$ 個の固有値を選び $\lambda_1, ..., \lambda_r$ とし，そして各固有値に対応する固有ベクトルを $\vec{v}_1, \vec{v}_2, ..., \vec{v}_r$ としたとき，この r 個のベクトルは線形独立となる。以下では線形独立の定義（2.4節）に沿いある数 $x_1, x_2, ..., x_r$ $(r \geqq 2)$ について $\sum_{i=1}^{r} x_i \vec{v}_i = \vec{0}$ なら $x_1 = x_2 = ... = x_r = 0$ となることを r についての数学的帰納法（1.4節）で示す。

まず $r = 2$ のとき，ある数 x_1, x_2 が $x_1\vec{v}_1 + x_2\vec{v}_2 = \vec{0}$ をみたすとする。この

式の両辺に A をかけると，$x_1\vec{v}_1 = -x_2\vec{v}_2$ であるから以下のようになる．

$$A(x_1\vec{v}_1 + x_2\vec{v}_2) = \lambda_1 x_1\vec{v}_1 + \lambda_2 x_2\vec{v}_2 = (\lambda_1 - \lambda_2)x_1\vec{v}_1 = \vec{0}$$

仮定より $\lambda_1 - \lambda_2 \neq 0$ かつ $\vec{v}_1 \neq \vec{0}$ であるから $x_1 = 0$ となる．このとき自動的に $x_2 = 0$ を得る．つまり $\vec{v}_1, \vec{v}_2$ は線形独立となる．

今，ある自然数 $k \geq 2$ について，$r = k$ のときに題意が成立すると仮定する．$k+1$ 種類の異なる固有値 $\lambda_1, ..., \lambda_{k+1}$ とそれに対応する任意の固有ベクトル $\vec{v}_1, ..., \vec{v}_{k+1}$ そして $k+1$ 個の数 $b_1, b_2, ..., b_{k+1}$ について $\sum_{i=1}^{k+1} b_i\vec{v}_i = \vec{0}$ が成立しているとする．この式の両辺に A をかけると，以下の式を得る．

$$A\sum_{i=1}^{k+1} b_i\vec{v}_i = \sum_{i=1}^{k+1} \lambda_i b_i\vec{v}_i = \left(\sum_{i=1}^{k} \lambda_i b_i\vec{v}_i\right) + \lambda_{k+1} b_{k+1}\vec{v}_{k+1} = \vec{0}$$

仮定より $\sum_{i=1}^{k} b_i\vec{v}_i = -b_{k+1}\vec{v}_{k+1}$ であり，この式を上式に代入すると

$$\sum_{i=1}^{k} (\lambda_i - \lambda_{k+1}) b_i\vec{v}_i = \vec{0}$$

となる．帰納法の仮定より $\vec{v}_1, ..., \vec{v}_k$ は線形独立であり，かつ固有値が異なるという仮定よりすべての i に対して $\lambda_i - \lambda_{k+1} \neq 0$ であるから，$b_1 = ... = b_k = 0$ となり，これはすなわち $b_{k+1} = 0$ を意味する．よって $r = k+1$ のときも題意が成立する．したがってすべての r で命題は正しい．

今，n 次行列 A の固有値を λ_i, 対応する固有ベクトルを $\vec{v}_i (1 \leq i \leq n)$ とする．計 n 個のベクトル $\vec{v}_i \in \mathbb{R}^n$ は線形独立なので任意の n 次元ベクトル $\vec{x}$ は $\vec{v}_i$ の線形結合 $\sum_{i=1}^{n} y_i\vec{v}_i$ として表現できる．ここでベクトル $A\vec{x}$ は $\sum_{i=1}^{n} y_i A\vec{v}_i = \sum_{i=1}^{n} \lambda_i y_i\vec{v}_i$ に等しい．つまり線形結合の係数が行列をかけると固有値倍される．

例 9.5 例 9.3 において，行列 $A = \begin{pmatrix} 3 & 1 \\ 1 & 3 \end{pmatrix}$ の固有ベクトル $\begin{pmatrix} 1 \\ 1 \end{pmatrix}$ と $\begin{pmatrix} 1 \\ -1 \end{pmatrix}$ は線形独立である．なぜなら $x\begin{pmatrix} 1 \\ 1 \end{pmatrix} + y\begin{pmatrix} 1 \\ -1 \end{pmatrix} = \begin{pmatrix} x+y \\ x-y \end{pmatrix} = \begin{pmatrix} 0 \\ 0 \end{pmatrix}$ のとき $x = y = 0$ となるからである．

9.4 対 角 化

今,n 次行列 A の固有値を $\lambda_1, \lambda_2, ..., \lambda_n$,それに対応する固有ベクトルを $\vec{v}_1, \vec{v}_2, ..., \vec{v}_n$ とする。本書では簡単のため,固有値がすべて異なる場合のみを考察する。固有ベクトルを列ベクトルとする n 次行列を $V = (\vec{v}_1, \vec{v}_2, ..., \vec{v}_n)$,固有値が対角線上に並んでいるような対角行列 $\mathrm{diag}(\lambda_1, \lambda_2, ..., \lambda_n)$ を P とする。本節においてはもとの行列 A を行列 V および対角行列 P を用いて表現する。まず簡単のため $n=2$ の場合を考える。今,固有ベクトルを $\vec{v}_k = \begin{pmatrix} v_{1k} \\ v_{2k} \end{pmatrix}$ (ただし $k=1,2$) と成分表示すると,固有ベクトルを並べてできる行列 $V = (\vec{v}_1, \vec{v}_2)$ は $V = \begin{pmatrix} v_{11} & v_{12} \\ v_{21} & v_{22} \end{pmatrix}$ となる。固有値を並べてできる対角行列 $P = \begin{pmatrix} \lambda_1 & 0 \\ 0 & \lambda_2 \end{pmatrix}$ との積 VP は以下のように計算できる。

$$VP = \begin{pmatrix} v_{11} & v_{12} \\ v_{21} & v_{22} \end{pmatrix} \begin{pmatrix} \lambda_1 & 0 \\ 0 & \lambda_2 \end{pmatrix} = \begin{pmatrix} \lambda_1 v_{11} & \lambda_2 v_{12} \\ \lambda_1 v_{21} & \lambda_2 v_{22} \end{pmatrix} = (\lambda_1 \vec{v}_1, \lambda_2 \vec{v}_2)$$

ここで固有値の定義より,すべての k について $\lambda_k \vec{v}_k = A\vec{v}_k$ となるため,上の式の最後の項 $(\lambda_1 \vec{v}_1, \lambda_2 \vec{v}_2) = (A\vec{v}_1, A\vec{v}_2)$ は AV と等しくなる。よって $AV = VP$ となり,行列 A は行列 P, V を用いて $A = VPV^{-1}$ と表現できる。このように,行列 A をその固有ベクトルを列ベクトルとする行列 V および固有値を並べてできる対角行列 P を用いて表現することを**対角化**とよぶ。

行列 A を対角化すると,A の累乗 A^k を簡単に求めることができる。まず,$V^{-1} \cdot V = E$ より $A^2 = VPV^{-1}VPV^{-1} = VP^2V^{-1}$ となる。一般的には

$$A^k = (VPV^{-1}) \cdot (VPV^{-1}) \cdot ... \cdot (VPV^{-1}) = VP^kV^{-1}$$

と表現できる。ここで対角行列 P の累乗を考える。まず 2 乗を考えると

$$P^2 = \begin{pmatrix} \lambda_1 & 0 \\ 0 & \lambda_2 \end{pmatrix} \begin{pmatrix} \lambda_1 & 0 \\ 0 & \lambda_2 \end{pmatrix} = \begin{pmatrix} \lambda_1^2 & 0 \\ 0 & \lambda_2^2 \end{pmatrix}$$

となり,固有値の 2 乗を対角成分に持つ対角行列となる。

一般的に対角行列の累乗は

$$P^k = \begin{pmatrix} \lambda_1^k & 0 \\ 0 & \lambda_2^k \end{pmatrix}$$

9.4 対角化

のように簡単に計算できる（証明は帰納法にて行う）。一般的な n 次のケースでは、固有ベクトルを列ベクトルにする n 次行列 $V = (\vec{v}_1, ..., \vec{v}_n)$ および対角行列 $P^k = \mathrm{diag}(\lambda_1^k, \lambda_2^k, ..., \lambda_n^k)$ を用いて、$A^k = VP^kV^{-1}$ として計算できる。

例 9.6 例 9.3 で考えた行列 $A = \begin{pmatrix} 3 & 1 \\ 1 & 3 \end{pmatrix}$ に対し固有ベクトルを並べた行列を $V = \begin{pmatrix} 1 & 1 \\ -1 & 1 \end{pmatrix}$、固有値を並べた対角行列を $P = \begin{pmatrix} 2 & 0 \\ 0 & 4 \end{pmatrix}$ とおくと、$V^{-1} = \begin{pmatrix} 1/2 & -1/2 \\ 1/2 & 1/2 \end{pmatrix}$ であり $A^{10} = VP^{10}V^{-1}$ の値は、以下のように与えられる。

$$A^{10} = \begin{pmatrix} 1 & 1 \\ -1 & 1 \end{pmatrix} \begin{pmatrix} 2^{10} & 0 \\ 0 & 4^{10} \end{pmatrix} \begin{pmatrix} 1/2 & -1/2 \\ 1/2 & 1/2 \end{pmatrix}$$

これは $\begin{pmatrix} 3 & 1 \\ 1 & 3 \end{pmatrix}$ の 10 乗を直接計算するよりはるかに簡単である。

以上の議論では、固有ベクトルで構成される行列 V に逆行列が存在することを仮定していた。9.3 節での結果より、n 次行列 A に異なる n 種類の固有値があり、各固有値に対応する固有ベクトルを $\vec{v}_1, \vec{v}_2, ..., \vec{v}_n$ としたとき、これらは線形独立となる。よって定理 8.5 より $V = (\vec{v}_1, \vec{v}_2, ..., \vec{v}_n)$ には必ず逆行列がある。つまり、行列の固有値が異なる場合、その行列は必ず対角化できる。

なお、対角化を用いて、行列の等比数列の和の計算をすることができる。はじめに n 次行列 A の i 乗 A^i の $i = 0$ から $k-1$ までの和、つまり $E + A + A^2 + ... A^{k-1}$ を考える（行列についても指数法則が成立するので、$A^2 = A^{0+2} = A^0 \cdot A^2$ となる。よって A^0 は単位行列 E である）。この和を S とすると、S および行列 A と S との積 AS は

$$S = E + A + A^2 + \cdots A^{k-1}$$
$$AS = A + A^2 + \cdots + A^{k-1} + A^k$$

と表せる。行列 S と AS は $k-1$ 個の行列の和 $A + A^2 + ... A^{k-1}$ を共通に持つ。したがって上の式の両辺の差をとることで等式 $(E - A)S = E - A^k$ を得る。行列 $E - A$ に逆行列がある場合、$S = (E - A)^{-1}(E - A^k)$ となる。ここで、A の固有値の絶対値がすべて 1 未満の場合、A の固有値を対角成分に持つ行列 P の累乗は、ゼロ行列に近づく。つまり $\lim_{n \to \infty} P^n = O$ となる。よっ

て $A^k = VP^kV^{-1}$ もゼロ行列に近づく。このことを行列の和の公式に代入すると $\sum_{i=0}^{\infty} A^i = (E-A)^{-1}$ となる。これは産業連関分析（第6章）で用いた式である。

9.5　ケーリー・ハミルトンの定理（発展）

未知数 x について n 次であり、x^k にかかる係数が p_k であるような多項式 $f(x) = p_n x^n + p_{n-1} x^{n-1} + ... + p_1 x + p_0$ を考える。ここで、未知数 x をある m 次行列 A に置き換え、かつ定数項 p_0 に単位行列 E をかけてできる以下のような式をもとの多項式を用いて $f(A)$ と表現する。

$$f(A) = p_n A^n + p_{n-1} A^{n-1} + ... + p_1 A + p_0 E$$

この値は m 次行列である。多項式 $f(x)$ はもともと実数 x について定義されたものであるが、$f(A)$ はその定義を行列の世界に広げたものといえる。

本節では、行列に関する多項式についての**ケーリー・ハミルトンの定理**を示す。この定理とは以下のようなものである。

> **定理 9.3**　正方行列 A について、固有多項式を $f(\lambda) = |A - \lambda E|$ とする。このとき $f(A) = O$ が成立する。

簡単のため、A が3次行列の場合について証明する。n 次行列の場合も同様に示すことができる。始めに以下の補題を証明する。

補題 9.1　未知数 x に依存した3次行列 $P(x) = x^3 A_3 + x^2 A_2 + x A_1 + A_0$ を考える。ここで行列 A_i は3次行列である。今、すべての実数 x について $P(x) = O$ になるとする。この場合行列 A_i はすべて O になる。

証明　まず $P(0) = A_0 = O$ であるから P は $P(x) = x(x^2 A_3 + x A_2 + A_1)$ と書ける。条件 $P(x) = O$ より、かっこの中の多項式 $Q(x) = x^2 A_3 + x A_2 + A_1$

9.5 ケーリー・ハミルトンの定理（発展）

は $x \neq 0$ なるすべての x についてゼロ行列 O となる。ここで $A_1 \neq O$ と仮定すると，ある i, j に対して A_1 の (i, j) 成分が 0 でない。この値を c とする。今，$Q(x)$ の (i, j) 成分を $q_{ij}(x)$ と書くと，$q_{ij}(x)$ は 2 次関数，つまり連続関数であり，かつ $x \neq 0$ なるすべての x について $q_{ij}(x) = 0$ となる。よって $q_{ij}(0) = 0$ となる。一方，$Q(0) = A_1$ であるから $q_{ij}(0) = c$ となる。これは矛盾であり，結果 $A_1 = O$ を得る。同様に行列 A_2, A_3 がゼロ行列になることを証明できる。■

ある行列 $A_i, B_i\ (0 \leq i \leq 3)$ および未知数 x についての式
$$x^3 A_3 + x^2 A_2 + x A_1 + A_0 = x^3 B_3 + x^2 B_2 + x B_1 + B_0$$
がすべての x について成立するなら，$x^3(A_3 - B_3) + x^2(A_2 - B_2) + x(A_1 - B_1) + (A_0 - B_0) = O$ であるから，補題 9.1 よりすべての i について $A_i = B_i$ となる。

ここで新たに行列 C を，$C = A - \lambda E$ と定める。C の各成分は λ について高々 1 次式であるから，C の余因子行列 $\tilde{C}$ の各成分は，λ について高々 2 次式である（C の余因子は C の成分から構成される 2 次の行列式に (-1) の累乗をかけたものであることからわかる）。よって $\tilde{C}$ は，適当な行列を用いて $\tilde{C} = \lambda^2 B_2 + \lambda B_1 + B_0$ と書ける。よって
$$\begin{aligned}\tilde{C} C &= (\lambda^2 B_2 + \lambda B_1 + B_0)(A - \lambda E) \\ &= -\lambda^3 B_2 + \lambda^2 (B_2 A - B_1) + \lambda(B_1 A - B_0) + B_0 A\end{aligned}$$
一方 A の固有多項式 $f(\lambda)$ が定数 p_i を用いて $f(\lambda) = p_3 \lambda^3 + p_2 \lambda^2 + p_1 \lambda + p_0$ と表せたとすると，$f(\lambda) = |C|$ であるから，
$$\tilde{C} C = |C| E = f(\lambda) E = p_3 \lambda^3 E + p_2 \lambda^2 E + p_1 \lambda E + p_0 E$$
となる。補題 9.1 より，$\tilde{C} C$ に関する 2 つの式の係数行列は一致するので，4 つの等式 $p_3 E = -B_2,\ p_2 E = B_2 A - B_1,\ p_1 E = B_1 A - B_0,\ p_0 E = B_0 A$ を得る。したがって $f(A) = p_3 A^3 + p_2 A^2 + p_1 A + p_0 E$ の値は
$$\begin{aligned}f(A) &= -B_2 A^3 + (B_2 A - B_1) A^2 + (B_1 A - B_0) A + B_0 A \\ &= (-B_2 + B_2) A^3 + (-B_1 + B_1) A^2 + (-B_0 + B_0) A\end{aligned}$$

となる．上式において，A, A^2, A^3 にかかる行列はすべてゼロ行列である．よって $f(A) = O$ となり題意は証明された．

例 9.7 2次行列 $A = \begin{pmatrix} a & b \\ c & d \end{pmatrix}$ の固有多項式は

$$f(\lambda) = |A - \lambda E| = \lambda^2 - (a+d)\lambda + (ad - bc)$$

である．ここで A^2 の値は以下の等式を満たす．

$$A^2 = \begin{pmatrix} a & b \\ c & d \end{pmatrix}\begin{pmatrix} a & b \\ c & d \end{pmatrix} = \begin{pmatrix} a^2 + bc & b(a+d) \\ c(a+d) & bc + d^2 \end{pmatrix} = (a+d)A - (ad - bc)E$$

したがって確かに $f(A) = O$ が成立している．

上記の例では A^2 を A と E で表すことができた．一般的にケーリー・ハミルトンの定理を用いると，行列の累乗の次数を下げることができる．

例 9.8 2次行列 $A = \begin{pmatrix} 1 & 2 \\ 1 & 1 \end{pmatrix}$ は，例 9.6 の結果より $A^2 = 2A + E$ をみたす．このとき $A^3 = A \cdot A^2 = 2A^2 + A = 2(2A + E) + A = 5A + 2E$ のようにして行列の累乗を計算できる．

9.6 連立漸化式

経済学では，複数の変数が互いにかかわりあいながら時間とともに値を変えていく過程を考えることが多い．ここで物価上昇率と失業率を例にとる．失業率が下がれば労働市場がひっ迫し，企業側から見るとより高い賃金を支払わないと人を雇えなくなる．つまり賃金が上がり，それとともに物価上昇率も上がる傾向がある．一方，物価上昇率が高いと社会が混乱し，不景気になり，結果失業率が上がる傾向もある．つまり物価上昇率と失業率は，互いが相手に影響を与えながら値を変化させる．こういった状況を，経済学は複数の漸化式 (**連立漸化式**) を用いて表現する．ここでは式が線形の場合に限り分析する．

9.6 連立漸化式

今,時間 $t = 0, 1, ...$ とともに値を変える数列 $\{y_t\}_{t=0}^{\infty} = \{y_0, y_1, ...\}$ と $\{\pi_t\}_{t=0}^{\infty} = \{\pi_0, \pi_1, ...\}$ が,4つの定数 a, b, c, d を用いて以下の式を満たすとする。

$$y_{t+1} = ay_t + b\pi_t$$
$$\pi_{t+1} = cy_t + d\pi_t$$

ベクトル $\vec{x}_t$ を $\vec{x}_t = \begin{pmatrix} y_t \\ \pi_t \end{pmatrix}$ とすると,上の2つの式は,係数を成分とする行列 $A = \begin{pmatrix} a & b \\ c & d \end{pmatrix}$ を用いて $\vec{x}_{t+1} = A\vec{x}_t$ と表現できる。これを**連立漸化式の行列表示**とよぶ。この漸化式より,$\vec{x}_1 = A\vec{x}_0$ そして $\vec{x}_2 = A\vec{x}_1 = A(A\vec{x}_0) = A^2\vec{x}_0$ を得る。このように,行列 A の累乗を用いて $\vec{x}_t$ の値は

$$\vec{x}_t = A^t \vec{x}_0$$

と表現できる。

例 9.9 ある国の物価上昇率 Π_t と国内総生産 Y_t が以下の連立漸化式を満たしつつ値を変化させていくとする。

$$\Pi_t = \Pi_{t-1} + (Y_t - Y_F)$$
$$\Pi_t = m - (Y_t - Y_{t-1})$$

最初の式は**インフレ供給曲線**,次の式は**インフレ需要曲線**とよばれる。ここで Y_F は完全雇用国内総生産,そして m は貨幣供給量増加率である。今,変数を $y_t = Y_t - Y_F$ そして $\pi_t = \Pi_t - m$ とおくと,上の式は $\pi_t - y_t = \pi_{t-1}$ そして $\pi_t + y_t = y_{t-1}$ と書ける。これらの関係はベクトル $\vec{x}_t = \begin{pmatrix} y_t \\ \pi_t \end{pmatrix}$ と行列 $A = \begin{pmatrix} 1 & 1 \\ -1 & 1 \end{pmatrix}$ を用いて $A\vec{x}_t = \vec{x}_{t-1}$ と表せる。このことは $\vec{x}_t = A^{-1}\vec{x}_{t-1}$ つまり $\vec{x}_t = (A^{-1})^t \vec{x}_0$ を意味する。ここで $(A^{-1})^t$ を回転行列 R を用いて分析する (対角化による分析も可能である)。今 $A^{-1} = \frac{1}{2}\begin{pmatrix} 1 & -1 \\ 1 & 1 \end{pmatrix} = \frac{1}{\sqrt{2}}R(45°)$ であるから,$\vec{x}_t = \frac{1}{2^{t/2}}R(45°t)\vec{x}_0$ となる。回転行列の成分の絶対値はすべて1以下であるから,t が大きくなると $\frac{1}{2^{t/2}}R(45°t)$ はゼロ行列 O に近づく。よって時間がたつと $\vec{x}_t \to \vec{0}$ となる。つまり,国内総生産は完全雇用国内総生産の値に,そして物価上昇率は貨幣供給増加率にそれぞれ収束する。

経済学への応用4
動学モデルの分析

ここでは，複数の経済変数が互いに影響を及ぼしあいながら，時間とともに変化する様子を連立漸化式で描写した**経済動学モデル**を分析する。時間を考慮した経済モデルにおいて，変数はおもに2種類に分類することができる。まず，**制御変数**とはその値を当期に決めることができるものであり，そして**状態変数**とは値がその1つ前の時期に決まっていて当期に動かせないものである。

ここでモデルに制御変数，状態変数が1つずつあると仮定し，その変数を消費と資本とよぶ。t 期における消費，資本の量をそれぞれ C_t, K_t と表記する。これらの変数の満たす条件が，連立漸化式 $C_{t+1} = F(C_t, K_t)$, $K_{t+1} = G(C_t, K_t)$ によって定められているとする。

今このモデルに時間とともに変化しない不動点，ないし**定常状態**があるとする。定常状態における消費，資本の値をそれぞれ C^*, K^* とすると，仮定より $C^* = F(C^*, K^*)$ かつ $K^* = G(C^*, K^*)$ が成立する。ここで，変数の値が定常状態近辺である，つまり C_t, K_t が C^*, K^* に非常に近いと仮定する。この場合，近似的に以下のように表現できる。

$$C_{t+1} - C^* = F(C_t, K_t) - F(C^*, K^*) \cong F_C^*(C_t - C^*) + F_K^*(K_t - K^*)$$

$$K_{t+1} - K^* = G(C_t, K_t) - G(C^*, K^*) \cong G_C^*(C_t - C^*) + G_K^*(K_t - K^*)$$

なお，$F_C^* = F_C(C^*, K^*)$ は F の C に関する偏微分（1.8.2項）を定常状態で評価したものであり，F_K^* なども同様に定義される。

ここで変数の定常状態からの差を $C_t - C^* = c_t$, $K_t - K^* = k_t$ と定義する。定常状態における微分係数を成分とする行列 $A = \begin{pmatrix} F_C^* & F_K^* \\ G_c^* & G_k^* \end{pmatrix}$ に対して変数のベクトル $\vec{x}_t = \begin{pmatrix} c_t \\ k_t \end{pmatrix}$ は近似的に漸化式 $\vec{x}_{t+1} = A\vec{x}_t$ を満たす。$\vec{x}_t$ は変数ベクトルの初期状態 $\vec{x}_0$ を用いて $\vec{x}_t = A^t \vec{x}_0$ と表現できる。ここで，毎期に制御変数の値を決めることで，経路を定常状態にもどすことができるか考える。

今，行列 A の固有値を α, β, それに対応する固有ベクトルを $\vec{v}_1, \vec{v}_2$ とすると，2つの行列 $V = (\vec{v}_1, \vec{v}_2)$ そして $S = \begin{pmatrix} \alpha & 0 \\ 0 & \beta \end{pmatrix}$ を用いて $A = VSV^{-1}$ と対角化でき，$A^t = VS^tV^{-1}$ となる。この式を変数ベクトルの変化の式

に代入すると $\vec{x}_t = VS^tV^{-1}\vec{x}_0$ つまり $V^{-1}\vec{x}_t = S^tV^{-1}\vec{x}_0$ となる. ここで $V^{-1}\vec{x}_t = \vec{y}_t = \begin{pmatrix} z_t \\ w_t \end{pmatrix}$ とすると, $\vec{y}_t = S^t\vec{y}_0$ であり, $S = \begin{pmatrix} \alpha^t & 0 \\ 0 & \beta^t \end{pmatrix}$ であるから $\begin{pmatrix} z_t \\ w_t \end{pmatrix} = \begin{pmatrix} \alpha^t \cdot z_0 \\ \beta^t \cdot w_0 \end{pmatrix}$ となる.

まず固有値の絶対値 $|\alpha|$ と $|\beta|$ が両方とも 1 より小さい場合, $\lim_{t\to\infty} \alpha^t = \lim_{t\to\infty} \beta^t = 0$ であるから, 初期値 $\vec{y}_0 = V^{-1}\vec{x}_0$ によらず, t が大きくなるにつれ $\vec{y}_t \to \vec{0}$ となる. つまり 0 期に決めることができる c_0 の値をどう決めても定常状態に向かう経路は無数にある. このような状況を経済の**不決定性**とよぶ.

一方, どちらかの絶対値が 1 未満だったとする. $|\alpha| < 1$ そして $|\beta| > 1$ とする. このとき, 初期の制御変数 c_0 を上手にとって, $w_0 = 0$ とすることができる. 具体的には $V^{-1} = \begin{pmatrix} p & q \\ r & s \end{pmatrix}$ としたとき $rc_0 + sk_0 = 0$ とすればよい. この場合, 初期の状態変数 k_0 がどの値でも, $\lim_{t\to\infty} \vec{y}_t = \vec{0}$ となる. そうでなかったらこの経路は発散する. つまり, 定常状態に収束するような初期の制御変数の決まり方は唯一に定まる. このような場合を**鞍点安定**とよぶ.

なお, $|\alpha| > 1$ そして $|\beta| > 1$ であったとすると, 制御変数 c_0 をどう決めても, $\vec{y}_t$ の解は発散してしまう. つまり, 定常均衡の周りには条件を満たす経路がない. つまり定常均衡のみが解となるので, 不安定とよぶ.

一般的に, 定常状態からの乖離を示す n 次元ベクトル $\vec{x}_t$ が近似的に $\vec{x}_{t+1} = A\vec{x}_t$ で与えられる経済モデルにおいて, 制御変数の数を m とする. また, n 次行列 A の固有値のうち, 絶対値が 1 以上の数を p とする. このとき, $m > p$ ならばこの経済モデルは不決定になる.

章末問題

問題 9.1 ドモアブルの公式 $(\cos\theta + i\sin\theta)^n = \cos(n\theta) + i\sin(n\theta)$ が成立することを, 数学的帰納法を用いて示せ.

問題 9.2 行列 $A = \begin{pmatrix} 5 & 2 \\ 1 & 4 \end{pmatrix}$ と $B = \begin{pmatrix} 3 & 4 \\ -1 & 3 \end{pmatrix}$ の固有値と固有ベクトルをそれぞれ計算せよ.

問題 9.3 問題 9.2 で与えられた行列 A の累乗 A^k を計算せよ.

問題 9.4　以下の行列 A, B の固有値と固有ベクトルを計算し，対角化せよ．

$$A = \begin{pmatrix} 4 & 1 & 1 \\ 0 & 2 & 1 \\ 0 & 0 & 3 \end{pmatrix}, \quad B = \begin{pmatrix} 2 & 0 & 0 \\ 0 & 1 & 0 \\ 0 & 0 & 1 \end{pmatrix}$$

問題 9.5　以下の行列にケーリー・ハミルトンの公式を適用し，A^2 および A^3 を A で表せ．

$$A = \begin{pmatrix} 1 & 4 & 5 \\ 0 & 2 & 6 \\ 0 & 0 & 3 \end{pmatrix}$$

問題 9.6　4 次正方行列 A について，固有多項式を $f(\lambda) = |A - \lambda E|$ とする．このとき 9.5 節の証明にならい，$f(A) = O$ が成立することを示せ．

問題 9.7　2 つの固有値 $1, 2$ を持ち，固有値 1 に対応する固有ベクトルが $\begin{pmatrix} 2 \\ 1 \end{pmatrix}$，固有値 2 に対応する固有ベクトルが $\begin{pmatrix} 1 \\ 2 \end{pmatrix}$ であるような 2 次行列を求めよ．

問題 9.8　数列 a_n, b_n が漸化式 $a_{n+1} = a_n + 3b_n$，$b_{n+1} = 3a_n + b_n$ を満たすとする．また，$n = 0$ での数列の値を $a_0 = 1, b_0 = 2$ とする．今，n に依存したベクトル $\vec{x}_n$ を $\vec{x}_n = \begin{pmatrix} a_n \\ b_n \end{pmatrix}$ と定義する．
 (1) $\vec{x}_n$ と $\vec{x}_{n-1}$ の関係を 2 次行列を用いて表せ．
 (2) $\vec{x}_n$ を求めよ．

問題 9.9　2 つの複素数 $z_1 = a_1 + b_1 i$ と $z_2 = a_2 + b_2 i$ について，$|z_1| + |z_2| \geq |z_1 + z_2|$ を示せ．

問題 9.10　対角行列の固有値は主対角成分に一致することを示せ．

第10章

対称行列

　転置をしても成分が変わらない行列として定義される対称行列は経済学でも頻繁に用いられる。たとえば，効用関数や生産関数の特性を調べるときに用いられる2階微分行列や，計量経済分析で用いられる分散共分散行列などは，対称行列の一例である。対称行列には固有値が必ず実数になるといったいくつか興味深い性質がある。本章ではこの対称行列について勉強する。

10.1 複素内積

　2つの複素数ベクトル $\vec{x}, \vec{y}$ について，**複素内積**を

$$\vec{x} \cdot \vec{y} = \vec{x}^\top \vec{y}^* = \sum_{k=1}^n x_k y_k^*$$

として定義する。単に同じ位置にある成分同士をかけ合わせたものではなく，かけられるベクトル $\vec{y}$ の成分の共役複素数をとっていることに注意されたい。両者が実ベクトルの場合，$y_k = y_k^*$ であるから $\vec{x} \cdot \vec{y} = \sum_{k=1}^n x_k y_k$ となり，以前の内積の定義と一致する。同じベクトル同士の複素内積は各成分の絶対値の2乗和となり，これはプラスの実数である。

$$\vec{x} \cdot \vec{x} = \sum_{k=1}^n x_k x_k^* = \sum_{k=1}^n |x_k|^2 \geq 0$$

ここで，$\sqrt{\vec{x} \cdot \vec{x}} = |\vec{x}|$ を複素数ベクトル $\vec{x}$ の大きさとよぶ。複素数 λ および複素ベクトル $\vec{x}, \vec{y}$ について

$$(\lambda \vec{x}) \cdot \vec{y} = \sum_{k=1}^n \lambda x_k y_k^* = \lambda (\vec{x} \cdot \vec{y})$$

となり，また共役複素数について $(ab)^* = a^* b^*$ が成り立つから

$$\vec{x} \cdot (\lambda \vec{y}) = \sum_{k=1}^{n} x_k \lambda^* y_k^* = \lambda^* (\vec{x} \cdot \vec{y})$$

が成立する。つまり $\lambda \vec{x}$ と $\vec{y}$ の内積は $\vec{x}$ と $\vec{y}$ の内積の λ 倍，そして $\vec{x}$ と $\lambda \vec{y}$ の内積は $\vec{x}$ と $\vec{y}$ の内積の λ^* 倍となる。λ が実数なら $(\lambda \vec{x}) \cdot \vec{y} = \vec{x} \cdot (\lambda \vec{y}) = \lambda (\vec{x} \cdot \vec{y})$ となる。

例 10.1 複素数ベクトル $\begin{pmatrix} 2 \\ i \end{pmatrix}$ と $\begin{pmatrix} i \\ 5+i \end{pmatrix}$ の複素内積は $\begin{pmatrix} 2 \\ i \end{pmatrix} \cdot \begin{pmatrix} i \\ 5+i \end{pmatrix} = 2i^* + i(5+i)^* = 2(-i) + i(5-i) = 1 + 3i$ で与えられる。

本章においては，ベクトル $\vec{x}$ の成分は虚数の値をとりうるが，今後も行列の成分はすべて実数であると仮定する。成分が実数の行列を**実行列**とよぶ。この場合，行列 A に対して，ベクトル $A\vec{x}$ の共役複素数ベクトルは $A\vec{x}^*$ となる。つまり $(A\vec{x})^* = A\vec{x}^*$ となる。なぜなら，$A\vec{x}$ の第 i 成分は $\sum_{k=1}^{n} a_{ik} x_k$ と書けるが，その共役複素数は $\sum_{k=1}^{n} a_{ik} x_k^*$ となり，これはベクトル $A\vec{x}^*$ の第 i 成分に等しいからである。

10.2 対称行列の固有値

正方行列 A がその転置行列 $A^\top$ と等しいとき，その行列を**対称行列**とよぶ。行列 A が対称行列のとき，すべての i, j に対して，A の (i, j) 成分と (j, i) 成分は等しい，つまり $a_{ij} = a_{ji}$ となる。たとえば主対角線上にのみ 0 以外の数字が書かれている単位行列 E は対称行列の代表的なものである。

例 10.2 2 次行列 $A = \begin{pmatrix} 5 & 3 \\ 3 & 6 \end{pmatrix}$ は $A^\top = \begin{pmatrix} 5 & 3 \\ 3 & 6 \end{pmatrix} = A$ であるから対称行列である。一方，行列 $B = \begin{pmatrix} 5 & 4 \\ 0 & 5 \end{pmatrix}$ は $B^\top = \begin{pmatrix} 5 & 0 \\ 4 & 5 \end{pmatrix} \neq B$ であり対称行列でない。

次の定理が示すように，対称行列の固有値は虚数になりえない（証明には複素内積の考えを用いる）。

10.2 対称行列の固有値

> **定理 10.1** 成分が実数の対称行列の固有値はすべて実数である。

証明 対称行列 A の固有値 α に対応する固有ベクトルを $\vec{v} \neq \vec{0}$ とする。転置行列の性質（定理 4.1）と複素内積（10.1 節）を用いると，$\vec{v}^\top A \vec{v}^*$ の値は，$A = A^\top$ であることより

$$\vec{v}^\top A \vec{v}^* = \vec{v}^\top A^\top \vec{v}^* = (A\vec{v})^\top \vec{v}^* = A\vec{v} \cdot \vec{v}$$

と書ける。固有値の定義より $\alpha \vec{v} = A\vec{v}$ であるから，$\alpha(\vec{v} \cdot \vec{v}) = (\alpha \vec{v}) \cdot \vec{v} = A\vec{v} \cdot \vec{v}$ となる。一方 A の成分は実数だから $A\vec{v}^* = (A\vec{v})^*$ である。よって

$$\vec{v}^\top A \vec{v}^* = \vec{v}^\top (A\vec{v})^* = \vec{v} \cdot (A\vec{v}) = \vec{v} \cdot (\alpha \vec{v}) = \alpha^*(\vec{v} \cdot \vec{v})$$

したがって $(\alpha - \alpha^*)(\vec{v} \cdot \vec{v}) = 0$ である。$\vec{v} \cdot \vec{v} > 0$ より $\alpha = \alpha^*$ となる。∎

固有値が実数の場合，それに対応する固有ベクトルも実ベクトルとなる。なぜなら固有ベクトルの満たす方程式 $(A - \alpha E)\vec{x} = \vec{0}$ において行列 $A - \alpha E$ が実行列となるからである。

ここで，対称行列の固有値，固有ベクトルに関する性質を導く。

> **定理 10.2** 成分が実数の対称行列の異なる固有値に対応する固有ベクトルは互いに直交する。

証明 対称行列 A の異なる固有値 α, β に対応する固有ベクトルを $\vec{x}, \vec{y}$ とする。これらはすべて実数であるから，内積の計算は通常のものと一致する。ここで $A = A^\top$ より $A\vec{x} \cdot \vec{y} = (A\vec{x})^\top \vec{y} = \vec{x}^\top A^\top \vec{y} = \vec{x} \cdot (A\vec{y})$ であり，かつ $A\vec{x} = \alpha \vec{x}, A\vec{y} = \beta \vec{y}$ であるから

$$\alpha(\vec{x} \cdot \vec{y}) = A\vec{x} \cdot \vec{y} = \vec{x} \cdot (A\vec{y}) = \beta(\vec{x} \cdot \vec{y})$$

となる。ここで $\alpha \neq \beta$ より $\vec{x} \cdot \vec{y} = 0$ となる。∎

例 10.3 例 9.1 で示したように，2 次対称行列 $A = \begin{pmatrix} 3 & 1 \\ 1 & 3 \end{pmatrix}$ の固有値は $\lambda = 2, 4$ とすべて実数である。固有値 2 に対応する固有ベクトルは $\begin{pmatrix} 1 \\ -1 \end{pmatrix}$ である。一方，固有値 4 に対応する固有ベクトルは $\begin{pmatrix} 1 \\ 1 \end{pmatrix}$ である。これら 2 つのベクトルは $\begin{pmatrix} 1 \\ -1 \end{pmatrix} \cdot \begin{pmatrix} 1 \\ 1 \end{pmatrix} = 0$ よりたしかに直交している。

以下では対称行列の固有値 $\alpha_1, \alpha_2, ..., \alpha_n$ がすべて異なると仮定する。そして固有値 α_i ($1 \leq i \leq n$) に対応する，大きさが 1 の固有ベクトルを $\vec{p}_i$ とし，さらにこの固有ベクトルを横に並べてできる行列を $P = (\vec{p}_1, ..., \vec{p}_n)$ とする。このとき行列 P は 4.5 節で学んだ直交行列となるのでその逆行列は，$P^{-1} = P^\top$ となる。

10.3　2 次 形 式

以下では複数の変数に依存した関数，つまり**多変数関数**を扱う。今，n 個の変数 $x_1, x_2, ..., x_n$ に依存した多変数関数 $f(x_1, x_2, ..., x_n)$ が与えられたとき，これは未知数 $x_1, x_2, ..., x_n$ を縦に並べて得られるベクトル $\vec{x} = (x_1, x_2, ..., x_n)^\top$ についての関数としてもとらえることができる。よってこの関数を $f(\vec{x})$ とも書くことがある。

未知数 x, y についての 2 次式 $2x^2 + 3xy + 5y^2$ を見ると，すべての項は未知数 x, y について 2 次である。つまり $3x$ のように未知数が 1 個しか現れない項も，また $x^2 y$ のように未知数を 3 回かけた項もない。このような式を **2 次同次式**とよぶ。一般的に，n 個の未知数 $x_1, x_2, ..., x_n$ についての 2 次同次式 $f(x_1, x_2, ..., x_n)$ は，x_i^2 につく係数を a_{ii}，そして $x_i x_j$（ただし $i > j$）につく係数を 2 で割ったものを a_{ij} と表記したとき

$$f(\vec{x}) = f(x_1, x_2, ..., x_n) = \sum_{i=1}^{n} a_{ii} x_i^2 + \sum_{i>j} 2 a_{ij} x_i x_j$$

と表記できる。ここで，(i, j) 成分が 1) もし $i = j$ なら a_{ii} であり，2) $i > j$ なら a_{ij} であり，かつ 3) $i < j$ なら a_{ji} となるような対称行列 A を用いると，関

数 $f(\vec{x})$ の値は，$f(\vec{x}) = \vec{x}^\top A \vec{x} (= \vec{x} \cdot A\vec{x})$ と表現できる．たとえば $n = 2$ のとき，$f(\vec{x})$ は

$$\vec{x}^\top A \vec{x} = \begin{pmatrix} x_1 \\ x_2 \end{pmatrix} \cdot \begin{pmatrix} a_{11} & a_{12} \\ a_{12} & a_{22} \end{pmatrix} \begin{pmatrix} x_1 \\ x_2 \end{pmatrix} = a_{11} x_1^2 + a_{22} x_2^2 + 2 a_{12} x_1 x_2$$

のように表現できる．一般的に対称行列 A を用いてできる，n 次元ベクトル $\vec{x}$ についての2次式 $\vec{x}^\top A \vec{x}$ を **2次形式** とよぶ．

10.4 非正定値

対称行列 A が任意のベクトル $\vec{v}$ について $\vec{v}^\top A \vec{v} \leq 0$ を満たすとき，この行列は **非正定値** であるという．たとえば2次対称行列 $A = \begin{pmatrix} p & q \\ q & r \end{pmatrix}$ が非正定値であるとは，任意の $\vec{v} = \begin{pmatrix} x \\ y \end{pmatrix}$ について，下の不等式が成立することである．

$$\vec{v}^\top A \vec{v} = \begin{pmatrix} x & y \end{pmatrix} \begin{pmatrix} p & q \\ q & r \end{pmatrix} \begin{pmatrix} x \\ y \end{pmatrix} = p x^2 + 2 q x y + r y^2 \leq 0$$

例 10.4 行列 $A = \begin{pmatrix} -1 & 1 \\ 1 & -1 \end{pmatrix}$ は，$(x, y) A \begin{pmatrix} x \\ y \end{pmatrix} = -x^2 + 2xy - y^2 = -(x-y)^2$ だから非正定値である．

一般的に，行列が非正定値か判断するのは簡単ではないが，主対角線上の成分がすべて負となるような対角行列 $A = \text{diag}(-a_1, -a_2, ..., -a_n)$ は，$\vec{v}^\top A \vec{v} = -\sum_{i=1}^{n} a_i v_i^2 \leq 0$ をみたすので非正定値となる．

非正定値の性質と固有値との間には以下の関係がある．

定理 10.3 対称行列 A の固有値が 0 以下ですべて異なるとき A は非正定値である．

証明 2次の場合で証明する．一般的な場合も同様に示すことができる．異なる固有値を α, β，固有値を対角線上に並べた行列を $B = \begin{pmatrix} \alpha & 0 \\ 0 & \beta \end{pmatrix}$ そして固有値に

対応する大きさが 1 の固有ベクトルを列ベクトルとする行列を P とする。10.2 節で示したように P は直交行列であり $P^{-1} = P^\top$ であるから $A = PBP^\top$ が成立する。今，ベクトル $\vec{v}$ について $P^\top \vec{v} = \vec{w} = \begin{pmatrix} w_1 \\ w_2 \end{pmatrix}$ とすると，

$$\vec{v}^\top A \vec{v} = (\vec{v}^\top P) B P^\top \vec{v} = \vec{w}^\top B \vec{w} = \alpha w_1^2 + \beta w_2^2$$

であるが，$\alpha, \beta \leq 0$ であるため，$\vec{v}^\top A \vec{v} \leq 0$ となる。■

経済学への応用 5
主成分分析

　景気の動きを考える際，参考になる指標は国内総生産，株価，日銀短観，鉱工業生産指数，消費者態度指数など複数あるが，そのどれも日本の経済活動の一部を反映したものであり，1 つの指標のみを用いて日本の景気とよぶことはできない。これら複数の時系列が与えられたとき，それらの動きに共通する動きを抽出することができたら，それは日本全体の経済状況を表していると解釈できる。本節では複数のデータを代表する動きを抽出する主成分分析とよばれる手法を説明する。そしてその分析に固有ベクトルが深く関わっていることを示す。なお主成分分析の解説は，石村貞夫著『よくわかる多変量解析』（東京図書）が本のタイトル通りにとてもわかりやすく，本節もこの本を参考に話をする。前述の本においては，ラグランジュ乗数を用いて分析を行っているが，本節においては，乗数の代わりに対称行列の性質を用いて直観的に説明する。

　今，景気の変動を示す 2 つのデータ（データ I とデータ II）が 1 年目から n 年目までそろっており，値が以下のように与えられているとする。

年	1	2	...	i	...	n
データ I	a_{11}	a_{12}	...	a_{1i}	...	a_{1n}
データ II	a_{21}	a_{22}	...	a_{2i}	...	a_{2n}

　たとえばデータ I の 3 年目の値は a_{13} である。なお，これら 2 種類のデータは，それぞれ平均が 0 になるように基準化されているとする（平均化されて

10.4 非正定値

いないデータの場合，各データから，その平均 $\bar{a}_1 = \frac{1}{n}\sum_{i=1}^{n} a_{1i}$ を引いた差 $\tilde{a}_{1i} = a_{1i} - \bar{a}_1$ を考えればよい．データの大きさを標準化することもあるが，本書ではその過程を省略する）．ここで，a_{1i} および a_{2i} の動きを「統合」するため，それらにウェイト p_1, p_2 をかけて足し合わせた新たな量 $p_1 a_{1i} + p_2 a_{2i}$ を考える．ウェイトを示すベクトルを $\vec{p} = \begin{pmatrix} p_1 \\ p_2 \end{pmatrix}$，$i$ 年目の 2 つのデータを示すベクトルを $\vec{a}_i = \begin{pmatrix} a_{1i} \\ a_{2i} \end{pmatrix}$ とするとこの値は $\vec{p} \cdot \vec{a}_i$ と書ける．これから $\vec{p}$ を上手に選び，1 つの数 $\vec{p} \cdot \vec{a}_i$ で 2 次元のデータ $\vec{a}_i$ の動きを代表させることを考える．両者を統合した動きを分析する際は，$\vec{p}$ の向きのみが重要となる．よって大きさを $|\vec{p}| = 1$ と固定し，この条件のもとで「上手に」$\vec{p}$ を探し出すことを考える．ここで上手にとは，なるべく両データの動きから離れないようにという意味である．

2 次元のデータ $\vec{a}_i$ を数字 $\vec{a}_i \cdot \vec{p}$ にすることによる情報量の損失をとらえるため，データ I の値を横軸に，データ II の値を縦軸にとった座標平面上において，計 n 個のデータ $\vec{a}_i$ を図示する．図 10.1 において $\vec{a}_i$ が位置ベクトルとなるような点を A_i，A_i から，原点を通り方向ベクトルが $\vec{p}$ の直線 L に向けておろした垂線の足を H_i とする．このとき H_i の位置ベクトル $\vec{h}_i = \overrightarrow{OH_i}$ はもとのベクトル $\vec{a}_i$ の $\vec{p}$ への正射影ベクトルとなっている．ここで $|\vec{p}| = 1$ であるから，$\vec{h}_i = (\vec{a}_i \cdot \vec{p}) \vec{p}$ と表現できる（3.3 節を参照）．つまり $|\vec{a}_i \cdot \vec{p}|$ は $|\overrightarrow{OH_i}|$ と等しくなる．もともとのデータは A_i で示されているが，内積をとることにより，情

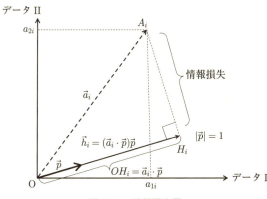

図 10.1 情報損失量

報が $\vec{p}$ に平行で原点を通る直線上の点 H_i に置き換わったと考えることができる。つまり情報量の損失は H_iA_i の長さに相当すると解釈できる。データは全部で n 個あるため,情報損失量の2乗の総和は $L = \sum_{i=1}^{n}(H_iA_i)^2$ と書ける。

ここで,情報損失の総量 L を最小化するようにベクトル $\vec{p}$ を,大きさが1という条件のもと選ぶことを考える。ここで三角形 OA_iH_i は直角三角形であるので三平方の定理より,$(H_iA_i)^2 + (OH_i)^2 = (OA_i)^2$ となる。これを $i = 1, 2, ..., n$ について加えると L についての以下のような式を得る。

$$L + \sum_{i=1}^{n}(OH_i)^2 = \sum_{i=1}^{n}(OA_i)^2$$

ここで $\sum_{i=1}^{n}(OA_i)^2 = \sum_{i=1}^{n}|\vec{a}_i|^2$ は $\vec{p}$ によらずデータにより決まる定数である。よって $\vec{p}$ を選び L を最小にするということは,正射影ベクトルの大きさの2乗和 $S = \sum_{i=1}^{n}(OH_i)^2$ を最大にすることと同じである。ここで2つのベクトル $\vec{a}, \vec{b}$ の内積が $\vec{a}^\top \vec{b}$ に等しいことを用いると,$(OH_i)^2 = (\vec{a}_i \cdot \vec{p})^2$ であることより

$$(OH_i)^2 = (\vec{p} \cdot \vec{a}_i)(\vec{a}_i \cdot \vec{p}) = (\vec{p}^\top \vec{a}_i)(\vec{a}_i^\top \vec{p}) = \vec{p}^\top(\vec{a}_i\vec{a}_i^\top)\vec{p}$$

である。2次行列 $A_i = \vec{a}_i\vec{a}_i^\top$ は,$A_i^\top = (\vec{a}_i^\top)^\top \vec{a}_i^\top = A_i$ となるから対称行列である。今 n 個の2次対称行列 $A_1, A_2, ..., A_n$ が与えられているとき,2次元ベクトル $\vec{x}$ についての2次形式 $\vec{x}^\top A_i \vec{x}$ $(i = 1, 2, ..., n)$ の総和は,行列の和 $\sum_{i=1}^{k} A_i$ に関する $\vec{x}$ の2次形式と等しくなる。つまり

$$\sum_{i=1}^{n}(\vec{x}^\top A_i \vec{x}) = \vec{x}^\top \left(\sum_{i=1}^{n} A_i\right)\vec{x}$$

となる。なぜなら内積の性質より

$$\sum_{i=1}^{n}(\vec{x}^\top A_i \vec{x}) = \sum_{i=1}^{n} \vec{x} \cdot (A_i\vec{x}) = \vec{x} \cdot \sum_{i=1}^{n} A_i\vec{x} = \vec{x} \cdot \left(\sum_{i=1}^{n} A_i\right)\vec{x}$$

となるからである。したがって2次対称行列 $M = \sum_{i=1}^{n}(\vec{a}_i\vec{a}_i^\top)$ を用いると,$S = \sum_{i=1}^{n} \vec{p}^\top A_i \vec{p}$ は M を用いて

$$S = \vec{p}^\top M \vec{p} \, (= \vec{p} \cdot (M\vec{p}))$$

と書ける。これから S を最大にすることを考える。

今，2次対称行列 M の固有値（実数）を α_1, α_2（ただし $\alpha_1 > \alpha_2$）とする。そして固有値に対応する固有ベクトルのうち，大きさが1のものをそれぞれ $\vec{v}_1, \vec{v}_2$ ($|\vec{v}_1| = |\vec{v}_2| = 1$) とする。

行列 M は対称行列であるから，固有ベクトル $\vec{v}_1$ と $\vec{v}_2$ は互いに直交する。したがって，両ベクトルを列ベクトルとする行列 $V = (\vec{v}_1, \vec{v}_2)$ は直交行列であり，その逆行列が存在し，転置行列 $V^\top$ で与えられる。よって定理8.5より $\vec{v}_1$ と $\vec{v}_2$ は線形独立であり，任意のベクトル $\vec{p}$ は $\vec{v}_1, \vec{v}_2$ の線形結合として $\vec{p} = x\vec{v}_1 + y\vec{v}_2$ と表現できる（$\begin{pmatrix} x \\ y \end{pmatrix} = V^{-1}\vec{p}$ とすれば，$\vec{p} = V\begin{pmatrix} x \\ y \end{pmatrix} = x\vec{v}_1 + y\vec{v}_2$ となる）。固有値の定義より，$M\vec{v}_1 = \alpha_1 \vec{v}_1$ そして $M\vec{v}_2 = \alpha_2 \vec{v}_2$ となるから，$M\vec{p}$ の値は以下のように表せる。

$$M\vec{p} = M(x\vec{v}_1 + y\vec{v}_2) = \alpha_1 x \vec{v}_1 + \alpha_2 y \vec{v}_2$$

ここで $|\vec{p}|^2 = x^2|\vec{v}_1|^2 + y^2|\vec{v}_2|^2 + 2xy\vec{v}_1 \cdot \vec{v}_2$ であり，$\vec{v}_1$ と $\vec{v}_2$ は大きさが1で直交するため，$x^2 + y^2 = 1$ が成立する。したがって，$S = \vec{p} \cdot M\vec{p}$ の値は

$$\begin{aligned} S &= (x\vec{v}_1 + y\vec{v}_2) \cdot (\alpha_1 x \vec{v}_1 + \alpha_2 y \vec{v}_2) \\ &= \alpha_1 x^2 + \alpha_2 y^2 \\ &= \alpha_1 - (\alpha_1 - \alpha_2) y^2 \end{aligned}$$

となる。ここで仮定より $\alpha_1 - \alpha_2 > 0$ であり，y^2 の値はマイナスにはならないため，S が一番大きくなるのは $y = 0$ のときつまり $\vec{p} = \vec{v}_1$ となるときである。つまり情報損失量が最小になるウェイトを示すベクトルは，固有値の大きい方に対応する固有ベクトル $\vec{v}_1$ に一致するのである。

ここで，行列 M を $(n-1)$ で割った2次行列 $\frac{M}{n-1}$ の (i,j) 成分はデータ i とデータ j の共分散 $\frac{1}{n-1}\sum_{k=1}^{n} a_{ik}a_{jk}$ となっている。この行列は**分散共分散行列**とよばれる。時系列データを統合する際に，各データにかけるウェイトは，データの分散共分散行列において，**値が最も大きい固有値に対応する固有ベクトル**を用いればよいことになる。上の列においては，内積 $\vec{v}_1 \cdot \vec{a}_i$ が2つのデータの動きを最も上手に統合したものといえる。固有値のうち一番大きなものを第1**主成分**とよぶ。これが主成分分析とよばれるゆえんである。

一般的に計 n 期の観測値を持つ K 種類のデータが与えられた際，その主成

分とは，データの分散共分散行列（K 次）の固有値の内，もっとも大きいものに対応する K 次固有ベクトルを $\vec{v}$ としたとき，第 t 期のデータ $\vec{x}_t$ とその固有ベクトル $\vec{v}$ との内積が K 種類のデータを 1 次元の数として代表した動きといえるのである。この主成分は物価上昇などを予測する際にとても有益であることが，最近の研究によっても明らかになっている。

章末問題

問題 10.1　対称行列 $\begin{pmatrix} -1 & a \\ a & -1 \end{pmatrix}$ が非正定値になるような実数 a の条件を求めよ。

問題 10.2　2 次形式 $x^2 + 2xy + 4yz + 6y^2 + z^2$ を対称行列を用いて表現せよ。

問題 10.3　2 次形式 $x^2 + 4xy + ay^2$ は，マイナスの値もプラスの値も両方取りうる。このような条件を満たす実数 a の範囲を計算せよ。

問題 10.4　対称行列 $A = \begin{pmatrix} -2 & \sqrt{2} \\ \sqrt{2} & -3 \end{pmatrix}$ が非正定値であることを示せ。

問題 10.5　ベクトル $\vec{a} = \begin{pmatrix} 1 \\ 1+i \end{pmatrix}$ と $\vec{b} = \begin{pmatrix} 1+i \\ 2-3i \end{pmatrix}$ との複素内積を計算せよ。

問題 10.6　4 次対称行列 A の固有値が 0 以上ですべて異なるときつねに $\vec{v}^\top A \vec{v} \geq 0$ となることを示せ。

問題 10.7　2 つの複素数ベクトル $\vec{x}, \vec{y}$ の複素内積 $\vec{x} \cdot \vec{y}$ の共役複素数 $(\vec{x} \cdot \vec{y})^*$ が $\vec{y} \cdot \vec{x}$ に等しいことを示せ。

第 11 章

最適化問題への応用

　経済学では費用，効用といった関数を最大化，最小化することが多い．関数が 1 変数にのみ依存していれば比較的簡単だが，経済学においては複数の変数に依存する**多変数関数**を扱うことが多い．この場合，微分の知識だけでなく，線形代数の知識があればその問題への対応がしやすくなる．本章ではこれまで学んだ線形代数の知識を用いて，この最適化問題の解説を行う．なお，本章で取り扱う関数はすべて 2 階微分可能であると仮定する．

11.1 最大化問題の基礎

　多変数関数，たとえば x および y の 2 つに依存する関数 $f(x,y)$ を最大化する問題を考える際，変数が複数あるため増減表を書けない．本節ではこのような場合でも簡単に最大化問題の解が見つかるような条件を求めたい．

11.1.1 一変数関数

　本節ではまず，1 変数関数の最大化問題を考える．具体的には，関数 $f(x)$ を最大にする x の値が，f の**極値**つまり $f'(x) = 0$ を満たす x と等しくなる条件を調べる．なお，以下では微分係数 $f'(x)$ をさらに微分したもの $(f'(x))'$ を $f''(x)$ と書き **2 階微分係数**とよぶ．まず以下の不等式を証明する．

> **定理 11.1** 関数 $f(x)$ がつねに $f''(x) \leq 0$ を満たしているとき，すべての定数 a について以下の不等式が成立する．
> $$f(a) + f'(a)(x - a) \geq f(x)$$

証明 まず，$f'' = (f')' \leq 0$ であるから，$f'(x)$ は単調減少関数となる。ここで関数 $g(x) = f(x) - \{f(a) + f'(a)(x-a)\}$ を考えると，$g(a) = 0$ であり，さらに $g'(x) = f'(x) - f'(a)$ であるため，$g'(a) = 0$ となる。f' そして g' は単調減少関数であるから $a < x$ なら $g'(x) \leq 0$ で $a > x$ なら $g'(x) \geq 0$ となる。つまり $g(x)$ は $x = a$ で最大値 $g(a) = 0$ をとる。よって $g(x) \leq g(a) = 0$ を得る。■

関数 $y = f(a) + f'(a)(x-a)$ は座標平面上において，f 上の点 $A(a, f(a))$ を通り，その傾きが A 点における関数 f の傾き $f'(a)$ と等しいような直線である。つまりこの直線は A における f の**接線**である。定理 11.1 より，もし f の 2 階微分係数の値が負ならば，図 11.1 が示すように f の接線は曲線 $y = f(x)$ より上にある。

定理 11.1 を用いると，関数の最大化問題について以下の命題を得る。

定理 11.2 関数 $f(x)$ がつねに $f''(x) \leq 0$ を満たすとする。今 $f'(x^*) = 0$ なる x^* が存在すれば $x = x^*$ で f は最大になっている。つまり任意の x について $f(x^*) \geq f(x)$ となる。

証明 定理 11.1 において，$a = x^*$ とすると，$f'(x^*) = 0$ であるからどんな x に対しても $f(x) \leq f(x^*) + f'(x^*)(x - x^*) = f(x^*)$ となる。■

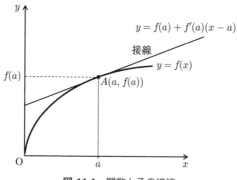

図 11.1 関数とその接線

つまり，2階微分が負である関数の最大化問題は，増減表を書く必要はなく，単に極値を計算できたらそれが問題の解となっている．

例 11.1 2次関数 $f(x) = 4x - x^2$ は $f'(x) = 4 - 2x$ そして $f''(x) = -2 < 0$ であるから，2階微分係数がつねに負である．よって x が $f'(x) = 0$ を満たすとき，つまり $x = 2$ のときに関数 $f(x)$ は最大になる．

例 11.2 生産関数が $f(n) = \sqrt{n}$ で与えられる企業を考える．ここで n は労働量で $f(n)$ は財の生産量である．たとえば労働者が9時間働いたら財が $\sqrt{9} = 3$ 個生産できる．財の価格を $p = 2$，労働者の時給を $w = 1/10$ とする．財の売上 $pf(n)$ から人件費 wn を引いた利潤 $\pi(n) = p\sqrt{n} - wn$ を最大にすることを考える．$\pi'(n) = 1/\sqrt{n} - 1/10$ かつ $\pi''(n) = -0.5n^{-3/2} < 0$ であるため，$\pi'(x) = 0$ となる x があればそこで π は最大となる．この場合 $n = 100$ のときに利潤が最大になる．

11.1.2 多変数関数

本節では2つの変数 x_1, x_2 に依存した2変数関数 $f(x_1, x_2)$ の最大化問題を考える．この関数はベクトル $\vec{x} = \begin{pmatrix} x_1 \\ x_2 \end{pmatrix}$ により決まると考えることができ，以下では関数 f を $f(\vec{x})$ と書く．本節では関数 f を x_i で偏微分（1.8.2項）したものを f_i と表す．関数 $f(\vec{x})$ の2**階偏微分** f_{ij} とは，f を x_i で微分したものをさらに x_j で微分したものである．

例 11.3 2変数関数 $f(\vec{x}) = x_1(x_2)^2$ は x_2 に関して2次関数であるため，この関数を x_2 で偏微分すると，$f_2(\vec{x}) = 2x_1 x_2$ となる．また，$f_{21}(\vec{x})$ は f_2 を x_1 で微分したものだから，$f_{21}(\vec{x}) = 2x_2$ となる．

関数 $f(\vec{x})$ の**勾配** $\nabla f(\vec{x})$ および2**階微分行列** $\nabla^2 f(\vec{x})$ をそれぞれ，

$$\nabla f(\vec{x}) = \begin{pmatrix} f_1(\vec{x}) \\ f_2(\vec{x}) \end{pmatrix}, \nabla^2 f(\vec{x}) = \begin{pmatrix} f_{11}(\vec{x}) & f_{12}(\vec{x}) \\ f_{21}(\vec{x}) & f_{22}(\vec{x}) \end{pmatrix}$$

と定める．そして勾配を0にする点を関数の**極値**とよぶ．

また，各項が変数 t に依存しているようなベクトル $\vec{x}(t) = \begin{pmatrix} x_1(t) \\ x_2(t) \end{pmatrix}$ に対し，その微分係数を $\frac{d\vec{x}}{dt} = \begin{pmatrix} x_1'(t) \\ x_2'(t) \end{pmatrix}$ として定義する。

第 1 章で学んだように，変数の値が $\vec{x}$ から $\vec{a} = \begin{pmatrix} a_1 \\ a_2 \end{pmatrix}$ だけ増えて $\vec{x}+\vec{a}$ になったとき，関数の変化量 $\Delta f = f(\vec{x}+\vec{a}) - f(\vec{x})$ は近似的に $a_1 f_1(\vec{x}) + a_2 f_2(\vec{x})$ に等しい。内積を用いるとこの量は $\vec{a} \cdot \nabla f(\vec{x})$ に等しいことがわかる。

例 11.4 $f(\vec{x}) = x_1 x_2$ のとき $\nabla f(\vec{x}) = \begin{pmatrix} x_2 \\ x_1 \end{pmatrix}, \nabla^2 f(\vec{x}) = \begin{pmatrix} 0 & 1 \\ 1 & 0 \end{pmatrix}$ となる。また $\vec{x}(t) = \begin{pmatrix} 1 \\ 2 \end{pmatrix} + t \begin{pmatrix} 3 \\ 4 \end{pmatrix}$ に対し，$\frac{d\vec{x}}{dt} = \begin{pmatrix} 3 \\ 4 \end{pmatrix}$ となる。

2 階偏微分は変数を微分する順序によらない（証明は省略する）。たとえば関数 $f(x,y) = (x+y)^2$ を考えると，f を x で偏微分してから y で偏微分しても，y で偏微分したあとに x で偏微分してもその値は 2 となる。つまり $f_{12}(\vec{x}) = f_{21}(\vec{x}) = 2$ となる。そのため，2 階微分行列 $\nabla^2 f(\vec{x})$ は対称行列である。

一般的に，変数 x_1, x_2 が別の変数 t に依存しているとき，t についての関数 $F(t) = f(x_1(t), x_2(t)) = f(\vec{x}(t))$ の微分係数は以下のようになることがわかっている。

$$F'(t) = \nabla f(\vec{x}) \cdot \frac{d\vec{x}}{dt} = \sum_{i=1}^{2} x_i'(t) f_i(x_1(t), x_2(t))$$

小さい a に対し $aF'(t) \cong F(t+a) - F(t) = f(\vec{x}(t+a)) - f(\vec{x}(t))$ である。ここで $\vec{x}(t+a) - \vec{x}(t) = \vec{b}$ とおくと，$F(t+a) - F(t) = f(\vec{x}(t) + \vec{b}) - f(\vec{x}(t))$ であり，この値は近似的に $\vec{b} \cdot \nabla f(\vec{x}(t))$ に等しい。ここで，$\lim_{a \to 0} \frac{1}{a} \vec{b} = \frac{d\vec{x}(t)}{dt}$ であり，代入することで式を示すことができる。

ここで t についての関数 $F(t) = f(\vec{a} + t\vec{b}) = f(a_1 + b_1 t, a_2 + b_2 t)$ を考える。ベクトル $\vec{a}, \vec{b} \in \mathbb{R}^2$ は定数である。これは $\vec{x}(t) = \vec{a} + t\vec{b}$ の場合に対応している。$\frac{d(\vec{a}+t\vec{b})}{dt} = \vec{b}$ であるから F の微分係数は $\nabla f(\vec{a} + t\vec{b})$ を用いて

$$F'(t) = \nabla f(\vec{a} + t\vec{b}) \cdot \vec{b} = (\vec{b})^\top \nabla f(\vec{a} + t\vec{b})$$

と表現できる。$\vec{b}$ は t によらないので，1 階微分係数 $F'(t)$ をもう一度 t で微分すると，2 階微分係数を以下のように求めることができる。

11.1 最大化問題の基礎

$$F''(t) = \vec{b}^\top \frac{d\nabla f(\vec{a}+t\vec{b})}{dt}$$

ここで $\frac{d\nabla f(\vec{a}+t\vec{b})}{dt}$ の値は以下のように書ける。

$$\frac{d}{dt}\begin{pmatrix} f_1(\vec{a}+t\vec{b}) \\ f_2(\vec{a}+t\vec{b}) \end{pmatrix} = \begin{pmatrix} f_{11}(\vec{a}+t\vec{b})b_1 + f_{12}(\vec{a}+t\vec{b}))b_2 \\ f_{21}(\vec{a}+t\vec{b})b_1 + f_{22}(\vec{a}+t\vec{b}))b_2 \end{pmatrix} = \nabla^2 f(\vec{a}+t\vec{b})\vec{b}$$

よって $F''(t)$ は2次形式として $F''(t) = \vec{b}^\top \nabla^2 f(\vec{a}+t\vec{b})\vec{b}$ と表現できる。

ここで,対称行列 $\nabla^2 f(\vec{x})$ の固有値が $\vec{x}$ によらずすべて 0 以下とすると,$\nabla^2 f(\vec{a}+t\vec{b})$ は非正定値となるので,2次形式として表現される 2 階導関数 $F''(t)$ は 0 以下となる。定理 11.1 より関数 F は $F(0) + F'(0)(1-0) \geq F(1)$ を満たす。ここで,$F(0) = f(\vec{a}), F(1) = f(\vec{a}+\vec{b}), F'(0) = \nabla f(\vec{a}) \cdot \vec{b}$ であるので以下の不等式が成立する。

$$f(\vec{a}) + \nabla f(\vec{a}) \cdot \vec{b} \geq f(\vec{a}+\vec{b})$$

この不等式を用いて多変数関数の最大化問題についての以下の定理を得る。

定理 11.3 行列 $\nabla^2 f(\vec{x})$ が非正定値とする。このとき $\nabla f(\vec{x}^*) = 0$ を満たすようなベクトル $\vec{x}^*$ が存在する場合,関数 $f(\vec{x})$ は $\vec{x} = \vec{x}^*$ が最大となる。

証明 すべてのベクトル $\vec{x}$ について,$f(\vec{x}^*) \geq f(\vec{x})$ が成立することをいえばいい。上の不等式に $\vec{a} = \vec{x}^*, \vec{b} = \vec{x} - \vec{x}^*$ を代入すると,$\vec{a}+\vec{b} = \vec{x}$ より,

$$f(\vec{x}^*) + \nabla f(\vec{x}^*) \cdot (\vec{x}-\vec{x}^*) \geq f(\vec{x})$$

であるが,$\nabla f(\vec{x}^*) = 0$ よりこれは $f(\vec{x}^*) \geq f(\vec{x})$ を意味する。■

簡単のため 2 次関数 $f(\vec{x}) = -(x_1)^2 - 2(x_2)^2 + 2x_1 + 8x_2$ を考える。この関数の勾配,2 階微分行列はそれぞれ $\nabla f(\vec{x}) = \begin{pmatrix} -2x_1+2 \\ -4x_2+8 \end{pmatrix}$ そして $\nabla f(\vec{x}) = \begin{pmatrix} -2 & 0 \\ 0 & -4 \end{pmatrix}$ である。行列 $\nabla f(\vec{x})$ の固有値は -2 と -4 となり,ともに負である。よって $\nabla f(\vec{x})$ は非正定値であり,$\nabla f(\vec{x}) = \vec{0}$ となるような点 $\vec{x}$,この場合 $\vec{x} = \begin{pmatrix} 1 \\ 2 \end{pmatrix}$ が関数 $f(\vec{x})$ を最大にしている。

例 11.5 関数 $f(\vec{x}) = -\frac{1}{2}\sum_{i=1}^{n}(x_1 + a_i x_2 - b_i)^2$ の最大化問題を考える。ここで a_i, b_i は定数であり，$a_1, a_2, \ldots a_n$ のどれかは異なる。この勾配は $\nabla f(\vec{x}) = -\begin{pmatrix} nx_1 + ax_2 - b \\ ax_1 + sx_2 - d \end{pmatrix}$ そして2階微分行列は $\nabla^2 f(\vec{x}) = \begin{pmatrix} -n & -a \\ -a & -s \end{pmatrix}$ となる（ただし $a = \sum_{i=1}^{n} a_i$, $b = \sum_{i=1}^{n} b_i$, $d = \sum_{i=1}^{n} a_i b_i$, $s = \sum_{i=1}^{n} a_i^2$）。$\nabla^2 f$ の固有方程式は $g(x) = x^2 + (n+s)x + (ns - a^2) = 0$ である。判別式は $(n-s)^2 + 4a^2 > 0$ だからその解は異なる実数。2次関数 g の軸 $-\frac{n+s}{2}$ は負の値をとり，かつコーシー・シュワルツの不等式より $g(0) = ns - a^2 \geq 0$ が成立する。よって固有値はすべてマイナスであり，$\nabla^2 f$ は非正定値となる。つまり $\nabla f(\vec{x}) = \vec{0}$ となる $\vec{x}$ が見つかればその値が関数を最大化している。この式を整理すると

$$\begin{pmatrix} n & a \\ a & s \end{pmatrix}\vec{x} = \begin{pmatrix} b \\ d \end{pmatrix}$$

となる。ここでベクトル $\vec{b}$，行列 A を

$$\vec{b} = \begin{pmatrix} b_1 \\ b_2 \\ \vdots \\ b_n \end{pmatrix}, \quad A = \begin{pmatrix} 1 & a_1 \\ 1 & a_2 \\ \vdots & \vdots \\ 1 & a_n \end{pmatrix}$$

とすると，上の式は $(A^\top A)\vec{x} = A^\top \vec{b}$ と書ける。したがって解は $\vec{x} = (A^\top A)^{-1} A^\top \vec{b}$ となる。この結果は次節で用いる。

11.2 最小2乗法

本節では2種類のデータ x と y の関係を直線で近似的に表す，つまり y を x の1次関数 $y = a + bx$ として直線的に説明することを考える。ここで，この2種類のデータが n 期間にわたり，$(x_1, y_1), (x_2, y_2), \ldots, (x_n, y_n)$ で与えられたとする。各データ y_i について，それを x_i の1次関数として近似したときの近似値は $a + bx_i$ であるため，その実際の値と近似値との差，つまりは $d_i = y_i - a - bx_i$

として表記される。すべての i について $d_i = 0$ とするように a, b を決めることは不可能であるため，次善の策として誤差の 2 乗の和

$$S(a, b) = \sum_{i=1}^{n} d_i^2 = \sum_{i=1}^{n} (a + bx_i - y_i)^2$$

を最小にするように a, b を決めることを考える。このような手法を**最小 2 乗法**とよぶ。$S(a, b)$ を最小にすることは $-S(a, b)$ を最大にすることと同じである。すでに例 11.5 で示したように，$-S(a, b)$ は微分して 0 になるところで最大になる。その値は，行列 X，ベクトル $\vec{y}$ を

$$\vec{y} = \begin{pmatrix} y_1 \\ y_2 \\ \vdots \\ y_n \end{pmatrix}, \quad X = \begin{pmatrix} 1 & x_1 \\ 1 & x_2 \\ \vdots & \vdots \\ 1 & x_n \end{pmatrix}$$

とすると，解は以下のようになる。

$$\begin{pmatrix} a \\ b \end{pmatrix} = (X^\top X)^{-1}(X^\top \vec{y})$$

ここで，まえがきにある国内総生産と消費の推移の表を用いて，消費を国内総生産の 1 次関数として表した**消費関数**を導出してみよう。この場合，消費が変数 y に，そして国内総生産が変数 x に相当し，また 8 年分のデータがあるので，$n = 8$ である。推計したい式は「消費 $= a + b \cdot \text{GDP}$」となる。Excel などを用いて計算すると，$(XX^\top)^{-1} = \begin{pmatrix} 195.4 & -0.4 \\ -0.4 & 0.001 \end{pmatrix}$ そして $X^\top \vec{y} = \begin{pmatrix} 2315.2 \\ 1122444.1 \end{pmatrix}$ となるので，係数はそれらの積 $\begin{pmatrix} a \\ b \end{pmatrix} = \begin{pmatrix} 182 \\ 0.22 \end{pmatrix}$ となる。つまり推計された消費関数は $y = 182 + 0.22x$ である。

なお，これまではある変数を別のまったく違った変数で説明しようとした式を推計していたが，一種類のデータを使い，今期の値をその一期前 (あるいはそれよりさらに前) の値で表すこともある。この場合推計したい式は $y_t = a + by_{t-1}$ となる。こういった関係式を**自己回帰 (AR) モデル**とよぶ。a, b の求め方は先の最小 2 乗法とまったく同じである。この式を用いると，もし今のデータの値 y_t がわかったとき，未来の値，つまり次の時期のデータの値 y_{t+1} を式 $y_{t+1} = a + by_t$ により予測できる。さらに，先に説明した連立漸化式のように，時間とともに動

く k 種類のデータを縦にならべてできる k 次ベクトル $\vec{y}_t = (y_{1t}, y_{2t}, ..., y_{kt})^\top$ を,その1つ前の時期のベクトル $\vec{y}_{t-1}$ の値と k 次行列 A の積として表現すること,つまり $\vec{y}_t = A\vec{y}_{t-1}$ における行列 A の成分を推計することもある。こういった関係式を**ベクトル自己回帰 (VAR) モデル**とよぶ。

11.3 条件付き最大化問題

経済学では,効用関数などの目的関数 $U(\vec{x})$ を $\vec{x}$ についてのさまざまな条件式,たとえば予算制約式のもとで最大化するような問題を考えることが多い。この場合,乗数とよばれる定数を導入することにより,通常の最大化問題に持ち込むことができる。経済学でよく用いる条件付き最大化問題は以下のように表現される。

$$(P) : \max_{\vec{x} \in \mathbb{R}^n} U(\vec{x}),\ \text{条件} : I - \vec{a} \cdot \vec{x} = 0$$

ここで条件式は $\vec{x}$ についての1次式であると仮定している。本節では $U(\vec{x})$ がすべての $\vec{x} \in \mathbb{R}^n$ について定義されていると仮定する。簡単のため,$\vec{x} = \begin{pmatrix} x_1 \\ x_2 \end{pmatrix}$ は2次元であり,目的関数は $U(\vec{x}) = u(x_1) + v(x_2)$ のように変数に関して分離されていると仮定する。2次元の場合,条件式は $I - a_1 x_1 - a_2 x_2 = 0$ と書ける。この場合,ベクトル $\vec{a} = \begin{pmatrix} a_1 \\ a_2 \end{pmatrix}$ は条件の示す直線 (L とする) の法線ベクトルである。

11.3.1 必要性

本節では最適解 $\vec{x}^* = \begin{pmatrix} x_1^* \\ x_2^* \end{pmatrix}$ の満たす条件式を求める。$\vec{x}$ の値が $\vec{\epsilon} = \begin{pmatrix} \epsilon_1 \\ \epsilon_2 \end{pmatrix}$ だけ増えたときの目的関数 U の増加量 $dU = U(\vec{x} + \vec{\epsilon}) - U(\vec{x})$ は,増加量 $\vec{\epsilon}$ が少ないとき,U の勾配 $\nabla U = \begin{pmatrix} u'(x_1) \\ v'(x_2) \end{pmatrix}$ と変化量を示すベクトル $\vec{\epsilon}$ の内積と近似的に等しくなる。

$$dU \cong \epsilon_1 u'(x_1) + \epsilon_2 v'(x_2) = \nabla U \cdot \vec{\epsilon}$$

つまり関数 U の勾配との内積が正になるような方向に点の位置をすこし変えると U の値は増える。

11.3 条件付き最大化問題

一方,第3章で説明したように,直線 L 上に点があるとき,L の法線ベクトル $\vec{a}$ と垂直な方向にその点を動かしても,点は L 上にありつづける。よって,直線 L 上にあり,位置ベクトルが $\vec{p}$ の点 P における関数の勾配を ∇U とするとき,$\vec{a}\cdot\vec{d}=0$ かつ $\nabla U\cdot\vec{d}>0$ なるベクトル $\vec{d}$ がもし見つかるなら,点の位置を $\vec{p}$ から $\vec{d}$ の方向に少し移動することで,直線 L 上にあるという条件をみたしつつ U の値を $U(\vec{p})$ から増やせる。具体的には小さい ϵ に対し,$U(\vec{p}+\epsilon\vec{d})>U(\vec{p})$ となる。つまり U を最大化している点 $\vec{x}^*$ においてこのような $\vec{d}$ は存在しない。このことを用いて以下の定理を証明できる。

定理 11.4 関数 $U(\vec{x}) = u(x_1) + v(x_2)$ の最大化問題

$$(P): \max u(x_1) + v(x_2), \text{ 条件}: I - a_1 x_1 - a_2 x_2 = 0$$

の解を $\vec{x}^* = \begin{pmatrix} x_1^* \\ x_2^* \end{pmatrix}$ とする。ある実数(**ラグランジュ乗数**)λ があり,$\vec{x}^*$ は,制約式と乗数 λ の積と目的関数 $U(\vec{x})$ の和(**ラグランジアン**)

$$L(\vec{x}) = u(x_1) + v(x_2) + \lambda(I - a_1 x_1 - a_2 x_2)$$

の勾配 $\nabla L(\vec{x})$ を $\vec{0}$ にしている。つまり $\vec{x}^*$ と乗数 λ は 3 つの方程式 $u'(x_1^*) = \lambda a_1, v'(x_2^*) = \lambda a_2, I = a_1 x_1^* + a_2 x_2^*$ をみたす。

証明 簡単化のため,$u'(x_1^*) = u_1^*, v'(x_2^*) = u_2^*$ と書く。2次の係数がプラスの 2 次関数 $g(t) = (u_1^* - a_1 t)^2 + (u_2^* - a_2 t)^2$ を考え,それを最小にする t を t^* とする。$\vec{d} = \begin{pmatrix} u_1^* - a_1 t^* \\ u_2^* - a_2 t^* \end{pmatrix}$ とおくと,$g'(t^*) = 0$ より,$\vec{a} = \begin{pmatrix} a_1 \\ a_2 \end{pmatrix}$ と $\vec{d}$ は,

$$a_1(u_1^* - a_1 t^*) + a_2(u_2^* - a_2 t^*) = \vec{a}\cdot\vec{d} = 0$$

をみたす。したがって $\nabla U^* = \begin{pmatrix} u_1^* \\ u_2^* \end{pmatrix}$ とすると,最小値は $g(t^*) = \nabla U^* \cdot \vec{d}$ と表現できる。ここでもし $g(t^*) > 0$ なら,点を $\vec{x}^*$ から $\vec{d}$ の方向に少し移動させると,条件式をみたしつつ,かつ U の値が増えてしまい,$\vec{x}^*$ が U を最大化しているという仮定に矛盾する。よって $g(t^*) = 0$ となる。このとき $\lambda = t^*$ とすると,$(u_1^* - a_1 \lambda)^2 + (u_2^* - a_2 \lambda)^2 = 0$ つまり $u_1^* - a_1\lambda = u_2^* - a_2\lambda = 0$ となる。このとき $\nabla L(\vec{x}^*) = \vec{0}$ となり題意をみたす。■

例 11.6 関数 $U(\vec{x}) = -\frac{1}{2}(x_1-6)^2 - \frac{1}{2}(x_2-8)^2$ を条件式 $17-x_1-2x_2 = 0$ のもとで最大化することを考える。なおここでは最大化する $\vec{x}$ が存在するとする。ラグランジアンは $L(\vec{x}) = -\frac{1}{2}(x_1-6)^2 - \frac{1}{2}(x_2-8)^2 + \lambda(17-x_1-2x_2)$ である。最大化問題の解 $\vec{x}^* = \begin{pmatrix} x_1^* \\ x_2^* \end{pmatrix}$ は制約式を含め 3 つの方程式 $6 - x_1^* = \lambda, 8 - x_2 = 2\lambda, 17 = x_1^* + 2x_2^*$ をみたす。解は $\begin{pmatrix} x_1^* \\ x_2^* \end{pmatrix} = \begin{pmatrix} 5 \\ 6 \end{pmatrix}$ そして $\lambda = 1$ となる。

11.3.2 十 分 性

本項では，定理 11.5 を満たすような点が見つかったときこの点で実際関数が最大化されているかを考える。今，目的関数 U の 2 階微分行列 $\nabla^2 U$ が非正定値であるとすると，条件式が 1 次関数であるから，ラグランジアン L の 2 階微分行列と一致し，よってこれも非正定値となる。したがって，もし $\nabla L(x^*) = \vec{0}$ となる x^* があれば，L を最大化しており，どんな x に対しても $L(\vec{x}^*) \geq L(\vec{x})$ となる。もし $\nabla L(\vec{x}^*) = \vec{0}$ かつ条件式をみたすような x^* があったとすると，条件式をみたす任意の $\vec{x}$ は $L(\vec{x}) = U(\vec{x})$ をみたすので，上の不等式は $U(\vec{x}^*) \geq U(\vec{x})$ となる。これは U が $\vec{x}^*$ で最大になっていることを意味する。これまでの議論は以下の定理にまとめられる。

> **定理 11.5** 定理 11.4 における条件付き最大化問題 (P) を考える。目的関数 U の 2 階微分行列が非正定値であるとすると，条件式を満たし，かつラグランジアン L の極値となるような $\vec{x}^*$ は問題の解となっている。

例 11.7 例 11.6 において，U の勾配は $\nabla U = \begin{pmatrix} 6-x_1 \\ 8-x_2 \end{pmatrix}$ そして 2 階微分行列は $\nabla^2 U = \begin{pmatrix} -1 & 0 \\ 0 & -1 \end{pmatrix}$ となる。これは，主対角成分が負の対角行列なので非正定値となる。よって $\vec{x} = \vec{x}^* = \begin{pmatrix} 5 \\ 6 \end{pmatrix}$ で U は最大化されている。

章末問題

問題 11.1 関数 $f(x,y) = x^{1/2}y^{1/2}$ の 2 階微分行列が非正定値であることを示せ。

問題 11.2 対称行列 $\nabla^2 f(\vec{a})$ の固有値がすべて 0 以下のとき，不等式 $f(\vec{a}) + 2\nabla f(\vec{a}) \cdot \vec{b} \geq f(\vec{a} + 2\vec{b})$ を示せ。

問題 11.3 ある財の生産関数は $f(n,k) = n^{1/2} + k^{1/2}$ で与えられる。ここで，n を労働時間，k を機械の個数とする。財の価格を $p=1$ とする。次に，労働者の時給を $w=1/2$，機械の費用を $r=1/2$ とする。利潤 $g(n,k) = p(n^{1/2} + k^{1/2}) - wn - rk$ を最大にする n, k を計算したい。まず関数 $g(n,k)$ の 2 階微分行列とその固有値を計算せよ。そして g を最大にする (n,k) を計算せよ。

問題 11.4 関数 $U(x,y) = \ln x + \ln y$ を条件 $4x + 3y = 12$ のもとに最大化せよ。

問題 11.5 関数 $U(\vec{x}) = \sqrt{x_1} + \sqrt{x_2}$ を条件 $2x_1 + 3x_2 = 12$ のもとで最大化せよ。

問題 11.6 最小 2 乗法の公式 $\begin{pmatrix} a \\ b \end{pmatrix} = (X^\top X)^{-1}(X^\top \vec{y})$ が以下をみたすことを示せ。
$$b = \frac{\sum_{i=1}^n (x_i - \bar{x})(y_i - \bar{y})}{\sum_{i=1}^n (x_i - \bar{x})^2}, \quad a = \bar{y} - b\bar{x}$$
ここで $\bar{x} = \frac{1}{n}\sum_{i=1}^n x_i, \bar{y} = \frac{1}{n}\sum_{i=1}^n y_i$ である。

問題 11.7 問 11.3 において，生産関数が $f(n,k) = n^{\frac{1}{3}}k^{\frac{1}{3}}$ のときに利潤を最大化せよ。

付　録

線形空間

これまでベクトルとは，数が何個か縦に並んだものとして定義してきた。そしてそれらの演算法則について説明してきた。この付録では，ベクトルの概念をさらに広げ，多項式や数列の集まりもベクトルとしてとらえ，それらの集合を空間として体系的にとらえる手法について学ぶ。

A.1　線形空間の定義

集合 V が以下の性質をみたすとき，V を**線形空間**とよぶ。なお以下において，x, y, z は V の任意の要素を，そして a, b は任意の実数を表す。

1) 和 $x+y$ が計算可能で，V に含まれ，$x+y=y+x$ となる。
2) 和の計算は順序によらず，$x+(y+z)=(x+y)+z$ となる。
3) 実数との積 ax が計算可能で V に含まれる。
4) 演算規則は以下の性質をみたす。
    4-a)　$(a+b)x = ax + bx$
    4-b)　$(ab)x = a(bx)$
    4-c)　$a(x+y) = ax + ay$
    4-d)　$1x = x$
5) V には以下の性質をみたす要素 **0** が存在する。
    5-a)　すべての x について，$x+\mathbf{0}=x$ がなりたつ。
    5-b)　すべての x について，$x+w=\mathbf{0}$ となるような V の要素 w がある。

線形空間の要素を**ベクトル**とよび，4) において，**0** のことを**ゼロ元**とよぶ。$4-b)$ において，w を x の**逆元**とよぶ。これまで学んできた n 次元空間は明

A.1 線形空間の定義

らかに線形空間であり，その要素をこれまでもベクトルとよんできたが，ここでは空間の概念を，n 次元空間からさらに一般化して考える。一般化した空間における要素ということで，本章では一般にはベクトルを太字で表し，とくに n 次元空間のベクトルについてのみ矢印を使って表す。

> **例 A.1** 2次元ベクトル $\begin{pmatrix}1\\2\end{pmatrix}$ を実数倍して得られるすべてのベクトル $\begin{pmatrix}s\\2s\end{pmatrix}(s\in\mathbb{R})$ からなる集合 S は線形空間である。一方 $\begin{pmatrix}1\\2\end{pmatrix}$ のみを要素とする集合 T は線形空間ではない。なぜならその要素を2倍してできるベクトル $\begin{pmatrix}2\\4\end{pmatrix}$ が T に入らないためである。

> **例 A.2** 2次式すべてからなる集合 $S=\{ax^2+bx+c\mid a,b,c\in\mathbb{R}\}$ を考える。そして集合内の要素 $\boldsymbol{x}=px^2+qx+r$ と $\boldsymbol{y}=sx^2+tx+u$ および実数 a について，$\boldsymbol{x}+\boldsymbol{y}=(s+p)x^2+(q+t)x+(r+u)$，$a\boldsymbol{x}=apx^2+aqx+ar$，$\boldsymbol{0}=0$ と定義すると，S は線形空間となる。

以下の3つの定理は，ゼロ元，逆元に関する性質を示す。

> **定理 A.1** 線形空間において，ゼロ元 $\boldsymbol{0}$ は1つしかない。

証明 2つのゼロ元 $\boldsymbol{0}$ および $\boldsymbol{0}^*$ がある場合必ず両者が一致することを示す。上の定義5-a) より $\boldsymbol{0}^*+\boldsymbol{0}=\boldsymbol{0}^*$ かつ $\boldsymbol{0}+\boldsymbol{0}^*=\boldsymbol{0}$ となる。一方，要素の和は順序によらず，$\boldsymbol{0}+\boldsymbol{0}^*=\boldsymbol{0}^*+\boldsymbol{0}$ となる。以上のことより $\boldsymbol{0}^*=\boldsymbol{0}$ となる。■

> **定理 A.2** 線形空間 V の任意の要素 $\boldsymbol{w}$ について，$0\boldsymbol{w}=\boldsymbol{0}$ となる。

証明 $\boldsymbol{p}=0\boldsymbol{w}$ とすると，定義の (3-a) より，$\boldsymbol{p}=(0)\boldsymbol{w}=(0+0)\boldsymbol{w}=\boldsymbol{p}+\boldsymbol{p}$ となる。$\boldsymbol{p}$ の逆元を $\boldsymbol{q}$ として，これを等式の両辺に加えると $\boldsymbol{p}+\boldsymbol{q}=(\boldsymbol{p}+\boldsymbol{p})+\boldsymbol{q}=\boldsymbol{p}+(\boldsymbol{p}+\boldsymbol{q})=\boldsymbol{p}$ となる。よって $\boldsymbol{p}=\boldsymbol{0}$ となる。■

定理 A.3 線形空間 V の任意の要素 w について，その逆元は $(-1)w$ のみである（以後 w の逆元を $-w$ と書く）。

証明 まず，$w = 1w$ であり，$1w + (-1)w = (1-1)w = 0w = \mathbf{0}$ であるから，$(-1)w$ は逆元の1つである。今，逆元が a, b の2つあったとすると，$a + w + b = (a+w) + b = b$ かつ $a + w + b = a + (w+b) = a$ であるから両者は一致する。よって唯一に定まる。■

積の定義より，任意の実数 a と b について $ax \in V$ でありかつ $by \in V$ である。したがって和の定義を使うと $ax + by \in V$ となる。一般的に，任意の要素 a_i と任意の実数 x_i に対し，その**線形結合** $\sum_{i=1}^{k} x_i a_i$ は V に含まれる。

線形空間 V 内に k 個の要素 $a_1, a_2, ..., a_k$ があるとする。計 k 個の未知数 $x_1, ..., x_k$ に関する方程式 $\sum_{i=1}^{k} x_i a_i = \mathbf{0}$ の解が $x_1 = ... = x_k = 0$ しかないとき，これら k 個の要素は**線形独立**であるとよぶ。

これまで学んできた n 次元空間においては，すでに足し算，かけ算，ゼロ元 $\vec{0}$ および逆元 $-\vec{x}$ が定義されている。したがって線形空間の定義はもっと簡単であり，n 次元空間上の集合 V 内のすべての要素 $\vec{x}$ と $\vec{y}$ およびすべての実数 a について，足し算 $\vec{x} + \vec{y}$ と $a\vec{x}$ が V に含まれるとき，V は線形空間となる。

線形空間 V 上のすべての2つの要素 a, b につき，以下の条件をみたすような数 $a \cdot b \in \mathbb{R}$ が存在するとき，$a \cdot b$ を**内積**とよぶ。

1) $a \cdot b = b \cdot a$
2) $(a + b) \cdot c = a \cdot c + b \cdot c$
3) $\lambda(a \cdot b) = (\lambda a) \cdot b$
4) $a \neq \mathbf{0}$ なら $a \cdot a > 0$

性質 3) より $0 \cdot \mathbf{0} = \mathbf{0}$ であるから，$\mathbf{0} \cdot \mathbf{0} = 0(\mathbf{0} \cdot \mathbf{0}) = 0$ である。したがって，すべてのベクトルについて $a \cdot a \geq 0$ となる。$\sqrt{a \cdot a}$ をベクトル a の**大きさ**とよび $|a|$ と表記する。n 次元空間上の内積は明らかに上記の性質をみたす。

例 A.3 前述の 2 次多項式の集合 $S = \{ax^2 + bx + c \mid a, b, c \in \mathbb{R}\}$ を考える。そして集合内の要素 $\boldsymbol{x} = px^2 + qx + r$ と $\boldsymbol{y} = sx^2 + tx + u$ について，内積を $\boldsymbol{x} \cdot \boldsymbol{y} = sp + qt + ru$ と定めることができる。

A.2 基底と次元

線形空間 V 内に k 個の線形独立なベクトル $\boldsymbol{a}_1, \boldsymbol{a}_2, ..., \boldsymbol{a}_k$ があり，V 内のすべての要素 $\boldsymbol{v}$ が $\boldsymbol{a}_1, ..., \boldsymbol{a}_k$ の線形結合として表せるとき，これら k 個のベクトルの集合を V の**基底**という。基底を用いると V は $V = \{\boldsymbol{x} \mid \boldsymbol{x} = \sum_{i=1}^{k} b_i \boldsymbol{a}_i, b_i \in \mathbb{R}\}$ と書ける。また基底の数 k を V の**次元**といい $\dim V$ と表す。一般的に基底のとり方は複数ある。n 次元空間における基底の 1 つは単位ベクトル $\{\vec{e}_1, \vec{e}_2, \cdots, \vec{e}_n\}$ である。

例 A.4 2 次元空間 $\mathbb{R}^2$ の基底の 1 つは $\{\begin{pmatrix}1\\0\end{pmatrix}, \begin{pmatrix}0\\1\end{pmatrix}\}$ であるが，$\{\begin{pmatrix}1\\1\end{pmatrix}, \begin{pmatrix}0\\1\end{pmatrix}\}$ も $\mathbb{R}^2$ の基底である。両ベクトルは明らかに線形独立であり，また 2 次元空間内のすべてのベクトル $\begin{pmatrix}x\\y\end{pmatrix}$ は両ベクトルの線形結合 $x\begin{pmatrix}1\\1\end{pmatrix} + (x-y)\begin{pmatrix}0\\1\end{pmatrix}$ として表現できる。

例 A.5 2 次多項式の集合 $S = \{ax^2 + bx + c \mid a, b, c \in \mathbb{R}\}$ の基底の 1 つは $\boldsymbol{a}_1 = x^2, \boldsymbol{a}_2 = x, \boldsymbol{a}_3 = 1$ である。2 次式 $px^2 + qx + r$ が 0 に等しいとき，$p = q = r = 0$ になることを用いると，これら 3 つのベクトルが線形独立であることを簡単に示すことができ，また任意の 2 次式 $px^2 + qx + r$ は線形結合 $p\boldsymbol{a}_1 + q\boldsymbol{a}_2 + r\boldsymbol{a}_3$ として表現できる。

もし線形空間 V に基底がある場合，その次元は唯一に定まる。たとえば 2 個のベクトルが基底をなす線形空間には 3 個からなる基底は存在しえない。このことを示すために，まず線形独立性に関する以下の補題を証明する。

補題 A.1 $m \geq 2$ 個の線形独立なベクトル $\boldsymbol{v}_1, \boldsymbol{v}_2, ..., \boldsymbol{v}_m$ が与えられていると

する。これらの m 個のベクトルすべてを,それより個数の少ない $p\,(<m)$ 個のベクトル $\boldsymbol{w}_1, \boldsymbol{v}_2, ..., \boldsymbol{w}_p$ の線形結合として表現することはできない。

証明 題意が成立せず,ある $p \times m$ 行列 A が存在し $(p < m)$,すべての $j \in \{1,...,m\}$ に対し $\boldsymbol{v}_j = \sum_{i=1}^p a_{ij} \boldsymbol{w}_i$ となると仮定して矛盾を導く。ここで a_{ij} は A の (i,j) 成分である。今,m 個の未知数 $x_1, x_2, ..., x_m$ について

$$\sum_{j=1}^m x_j \boldsymbol{v}_j = \sum_{j=1}^m x_j \left(\sum_{i=1}^p a_{ij} \boldsymbol{w}_i\right) = \sum_{i=1}^p \left(\sum_{j=1}^m a_{ij} x_j\right) \boldsymbol{w}_i$$

が成立する。ここで $\vec{x} = (x_1, x_2, ..., x_m)^\top$ とする。もしすべての $i \in \{1,...,p\}$ に対し $\sum_{j=1}^m a_{ij} x_j = 0$ が成立するような $\vec{x}$ があれば,それは $\sum_{j=1}^m x_j \boldsymbol{v}_j = \boldsymbol{0}$ をみたす。この p 個の条件は行列 A を用いて $A\vec{x} = \vec{0}$ と書くことができる。行列の階数(8.1 節)はつねに行の数より少なく,また A は行数 p より列数 m のほうが大きいので,$\mathrm{rank}(A) < m$ となる。したがって定理 8.8 よりある m 次ベクトル $\vec{x}^* \neq \vec{0}$ に対し $A\vec{x}^* = \vec{0}$ となる。この場合 $\sum_{j=1}^m x_j^* \boldsymbol{v}_j = \boldsymbol{0}$ となるが,これは $\boldsymbol{v}_j$ の線形独立性に反する。■

この補題は,行列階数とその列ベクトルの線形独立性に関する以下の重要な定理を証明するのにも役立つ。

> **定理 A.4** 階数 r の行列 A の列ベクトルから線形独立なベクトルを $r+1$ 個以上見つけることは不可能である。したがって,A の列ベクトルの中で線形独立なベクトルの最大個数は階数に等しくなる。

証明 仮に,A の列ベクトル $(\vec{a}_{g_1}, ..., \vec{a}_{g_{r+1}})$ が線形独立であると仮定する。すでに示したように,この $r+1$ 個のベクトルはすべて型(8.1.1 項)に対応する r 個の列ベクトル $\{\vec{a}_{f_1}, \vec{a}_{f_2}, ..., \vec{a}_{f_r}\}$ の線形結合として表現できる。これは補題 A.1 より矛盾である。■

補題 A.1 を用いて以下の定理を証明する。

定理 A.5 線形空間 V に基底がある場合，その次元 $\dim V$ は必ず唯一に定まる。つまり，V に2つの異なる基底，$S = \{\boldsymbol{a}_1, ..., \boldsymbol{a}_k\}$ と $T = \{\boldsymbol{b}_1, ..., \boldsymbol{b}_l\}$ がある場合 $k = l$ となる。

証明 k 個の線形独立なベクトルから構成される集合 S は V の部分集合であり，かつ V の基底は l 個あるため，補題 A.1 より $l \geq k$ となる。同様に，T は V の部分集合であり，S は V の基底であるから $l \leq k$ となる。∎

次に，線形空間の基底の作り方についての定理を示す。

定理 A.6 次元 r の線形空間 V において線形独立な $s \ (< r)$ 個のベクトルの組 $\{\boldsymbol{v}_1, \boldsymbol{v}_2, ..., \boldsymbol{v}_s\}$ があるとき，V の中から $r - s$ 個のベクトルの組 $\{\boldsymbol{v}_{s+1}, \boldsymbol{v}_{s+2}, ..., \boldsymbol{v}_r\}$ を上手に見つけ，$\{\boldsymbol{v}_1, \boldsymbol{v}_2, ..., \boldsymbol{v}_r\}$ を V の基底にできる。

証明 線形空間 V には $\{\boldsymbol{v}_1, \boldsymbol{v}_2, ..., \boldsymbol{v}_s\}$ と線形独立なベクトルが少なくとも1つ存在する。さもないと $\dim V = s$ となり仮定に反する。これを $\boldsymbol{v}_{s+1}$ とする。もし $r = s + 1$ なら，$\{\boldsymbol{v}_1, \boldsymbol{v}_2, ..., \boldsymbol{v}_s, \boldsymbol{v}_{s+1}\}$ は基底となる。次に $r > s + 1$ の場合，ベクトル $\{\boldsymbol{v}_1, \boldsymbol{v}_2, ..., \boldsymbol{v}_s, \boldsymbol{v}_{s+1}\}$ と線形独立なベクトルが少なくとも1つ存在する。これを $\boldsymbol{v}_{s+2}$ とする。以下同様の手続きを $r - s$ 回踏んで得られたベクトルを $\{\boldsymbol{v}_1, \boldsymbol{v}_2, ..., \boldsymbol{v}_r\}$ とすると，これは基底となっている。なぜなら，次元は唯一に定まるため，この r 個のベクトルと線形独立なベクトルを V の中でこれ以上見つけることはできないからである。∎

A.3 部分空間

集合 W が線形空間 V の部分集合であり，かつ自身が線形空間であるとき，W を V の**部分空間**ないし線形部分空間とよぶ。以下の定理は，部分空間とな

る条件を示す。

定理 A.7 線形空間 V の部分集合 W が V 上の部分空間である必要十分条件は，W が以下の2つの性質をみたすことである。
1) W の任意の要素 x および任意の実数 α について，$\alpha x \in W$
2) W の任意の要素 x および y について，$x + y \in W$

証明 部分空間は，必ず線形空間であるので必要性は自明である。ここでは十分性を示す。まず条件1)については任意の $x \in W$ と $y \in W$ について，足し算 $x + y$ を計算でき，和 $x + y = y + x$ となるのは，この2つの要素が線形空間 V の要素でもあるからであり，次に $x + y$ 自体も W に含まれるのはこの定理における第2条件そのものである。条件2), 3) および 4) が成立するのは，W の要素が V 自身の要素でもあるからである。条件5), つまりゼロ元の存在については，定理の第2条件より $0x \in W$ となるが，$0x$ はゼロ元 $\mathbf{0}$ に一致するため，$\mathbf{0} \in W$ となる。■

線形空間 V の要素 r 個からなる集合 $S = \{v_1, v_2, ..., v_r\}$ が与えられたとき，それらの線形結合 $\sum_{i=1}^{r} a_i v_i$ ただし $a_i \in \mathbb{R}$ からなる集合 T も部分空間となる。

なお，線形空間 V の次元 r が有限個であるならば，その部分空間 W の次元も有限個に定まる。なぜなら W は V の部分集合であるため線形独立なベクトルを r 個以上見つけることができないからである。

A.4 線形写像

集合 Z の各要素 z について，W の要素 w を1つ対応させたものを Z から W への**写像** f とよび，Z の要素 z に対応する W の要素を $f(z)$ と表記する。

A.4 線形写像

例 A.6 $Z = \{1, 2\}, W = \{5, 6, 7\}$ とする。$f(1) = 7$, $f(2) = 5$ となるような対応 f は Z から W への写像である。

Z から W への写像 f があるとき，集合 Z のすべての要素 z について，$f(z)$ が存在し，W の要素でないといけない。しかし逆に，W のすべての要素 w について，$f(z) = w$ となるような z が集合 Z の中に存在するとは限らない。

例 A.7 $Z = \mathbb{R}, W = \mathbb{R}$ とする。Z の要素 x に対応する W の要素を，$f(x) = \sqrt{x}$ とすると，f は写像ではない。なぜなら $-1 \in Z$ であるが，$f(-1) = \sqrt{-1}$ が W の中に存在しないからである。

2つの線形空間 Z と W があるとする。Z から W への写像 f が以下の性質が成り立つとき，f を**線形写像**とよぶ。

性質：任意の実数 α, β および任意の Z の要素 $\boldsymbol{x}, \boldsymbol{y}$ について $f(\alpha \boldsymbol{x} + \beta \boldsymbol{y}) = \alpha f(\boldsymbol{x}) + \beta f(\boldsymbol{y})$ が成立する。

例 A.8 $m \times n$ 行列 A および n 次元ベクトル $\vec{x} \in \mathbb{R}^n$ について $\vec{x}$ を $A\vec{x}$ に移す写像 f は線形写像である。なぜなら以下が成立するからである。

$$f(\alpha \vec{x} + \beta \vec{y}) = A(\alpha \vec{x} + \beta \vec{y}) = \alpha A\vec{x} + \beta A\vec{y} = \alpha f(\vec{x}) + \beta f(\vec{y})$$

線形空間 Z から線形空間 W への線形写像 f が与えられていたとする。今要素 z が Z 内のすべての要素をとりうるとき，$f(z)$ からなる集合を f の**像** $\operatorname{Im} f$ とよぶ。また，$f(\boldsymbol{x}) = \boldsymbol{0}$ となるような $\boldsymbol{x}$ の集合を f の**核** $\ker f$ とよぶ。像 $\operatorname{Im} f$ は W の，そして核は Z の部分集合である。

$$\operatorname{Im} f = \{f(\boldsymbol{x}) \mid \boldsymbol{x} \in Z\}$$
$$\ker f = \{\boldsymbol{x} \mid f(\boldsymbol{x}) = \boldsymbol{0}, \boldsymbol{x} \in Z\}$$

下の定理はこれらの集合が部分空間であることを示す。

定理 A.8 $\operatorname{Im} f$ および $\ker f$ は部分空間である。

証明 以下では α_1, α_2 を任意の実数とする。集合 $\mathrm{Im}\, f$ から2つの要素 $\boldsymbol{w}_1 = f(\boldsymbol{z}_1), \boldsymbol{w}_2 = f(\boldsymbol{z}_2)$ をとると f は線形写像であるため、$\alpha_1 \boldsymbol{w}_1 + \alpha_2 \boldsymbol{w}_2 = f(\alpha_1 \boldsymbol{z}_1 + \alpha_2 \boldsymbol{z}_2) \in \mathrm{Im}\, f$ となる。次に、集合 $\ker f$ から2つの要素 $\boldsymbol{z}_1, \boldsymbol{z}_2$ をとる。このとき、$\alpha_1 \boldsymbol{z}_1 + \alpha_2 \boldsymbol{z}_2 \in Z$ であり、$f(\alpha_1 \boldsymbol{z}_1 + \alpha_2 \boldsymbol{z}_2) = \alpha_1 f(\boldsymbol{z}_1) + \alpha_2 f(\boldsymbol{z}_2) = \boldsymbol{0} + \boldsymbol{0} = \boldsymbol{0} \in \ker f$ となる。したがって、定理 A.7 の2つの条件を像と核は両方みたす。■

A.5 次元定理

次元が有限次元 n の線形空間 Z から別の線形空間 W への線形写像を f とする。このとき**次元定理**とよばれる以下の式が成立する。

$$\dim(\mathrm{Im}\, f) + \dim(\ker f) = \dim(Z)$$

以下このことを示す。$\ker f$ は Z の部分空間でかつ Z が有限次元であるため、$\ker f$ の次元は有限個に定まる。核 $\ker f$ の次元を s、基底を $B = \{\boldsymbol{x}_1, ..., \boldsymbol{x}_s\}$ とすると、定義より任意の i について $f(\boldsymbol{x}_i) = \boldsymbol{0}$ でありかつ B の要素 $\boldsymbol{x}_1, ..., \boldsymbol{x}_s$ は線形独立である。また B は空間 Z に含まれる。

今、集合 B にベクトルを加え、n 個のベクトルの組 $V = \{\boldsymbol{x}_1, ..., \boldsymbol{x}_s, \boldsymbol{y}_1, ..., \boldsymbol{y}_{n-s}\}$ が Z の基底であるようにする。基底を延長できることは定理 A.6 で示した。ここでベクトルの組 $V' = \{f(\boldsymbol{y}_1), ..., f(\boldsymbol{y}_{n-s})\}$ を考える。もしこれらが線形従属だとすると、どれかは 0 でないような $n-s$ 個の実数 $b_1, b_2, ..., b_{n-s}$ について、$\sum_{k=1}^{n-s} b_k f(\boldsymbol{y}_k) = \boldsymbol{0}$ が成立する。ここで f は線形写像であるから、ベクトル $\boldsymbol{z} = \sum_{k=1}^{n-s} b_k \boldsymbol{y}_k$ は $f(\boldsymbol{z}) = \boldsymbol{0}$ をみたす。これは $\boldsymbol{z} \in \ker f$ を意味するため、$\boldsymbol{z}$ は $\ker f$ の基底 B の線形結合として表現できなくてはならない。言いかえると、s 個の実数 $c_1, c_2, ..., c_s$ について、$\sum_{k=1}^{s} c_k \boldsymbol{x}_k = \boldsymbol{z}$ となる。しかしこれは

$$(\boldsymbol{z} =) \sum_{k=1}^{s} c_k \boldsymbol{x}_k = \sum_{k=1}^{n-s} b_k \boldsymbol{y}_k$$

を意味し、n 個のベクトルの組 V が基底、つまり線形独立であるという仮定に

反する。よって V は線形独立である。

これから V が $\operatorname{Im} f$ の基底となることを示す。任意のベクトル $\boldsymbol{v} \in Z$ は，基底 V の線形結合として

$$\boldsymbol{v} = \sum_{k=1}^{s} d_k \boldsymbol{x}_k + \sum_{k=1}^{n-s} e_k \boldsymbol{y}_k$$

のように表記できる。このとき $f(\boldsymbol{x}_i) = \boldsymbol{0}$ より $f(\boldsymbol{v}) = \sum_{k=1}^{n-s} e_k f(\boldsymbol{y}_k)$ となる。つまり，すべてのベクトル $\boldsymbol{v}$ に対し，$f(\boldsymbol{v})$ が線形独立な $n-s$ 個のベクトルの集合 V の線形結合として表記できる。これは V が $\operatorname{Im} f$ の基底であることを意味し，$\dim(\operatorname{Im} f) = n - s$ となる。よって示された。

例 A.9 2次行列 $A = \begin{pmatrix} 1 & 1 \\ 1 & 1 \end{pmatrix}$ について，$V = \mathbb{R}^2$ から $W = \mathbb{R}^2$ への線形写像 f を $A\vec{x}$ として定義する。$A \begin{pmatrix} x \\ y \end{pmatrix} = \begin{pmatrix} x+y \\ x+y \end{pmatrix} = (x+y) \begin{pmatrix} 1 \\ 1 \end{pmatrix}$ となるから，$\operatorname{Im} f$ は $\begin{pmatrix} 1 \\ 1 \end{pmatrix}$ に平行なすべてのベクトルからなる集合である。基底はたとえば $\left\{ \begin{pmatrix} 1 \\ 1 \end{pmatrix} \right\}$ に定まる。つまり $\dim(\operatorname{Im} f) = 1$ となる。一方，$A \begin{pmatrix} x \\ y \end{pmatrix} = \begin{pmatrix} 0 \\ 0 \end{pmatrix}$ となるベクトル $\begin{pmatrix} x \\ y \end{pmatrix}$ は $x + y = 0$ をみたすもの，つまり $x \begin{pmatrix} 1 \\ -1 \end{pmatrix}$ の形のベクトルすべてからなる集合であるので，$\ker f$ の次元は 1 となる。ここで $\dim(V) = 2$ であり，確かに次元定理 $\dim(\operatorname{Im} f) + \dim(\ker f) = 2 = \dim(V)$ が満たされる。

A.6 階数と次元

本節では，$m \times n$ 行列を $A = (\vec{a}_1, \vec{a}_2, \ldots, \vec{a}_n)$，そして n 次元ベクトル $\vec{x}$ を m 次元ベクトル $A\vec{x} = \sum_{i=1}^{n} x_i \vec{a}_i$ に移す線形写像を f とし，像 $\operatorname{Im} f$ の次元 $\dim(\operatorname{Im} f)$ を考える。A の階数を $\operatorname{rank}(A) = r$ そして型を $F = \{f_1, f_2, \ldots, f_r\}$ とする。

まずすべての i について $A\vec{e}_i = \vec{a}_i$ となるため，$G = \{\vec{a}_{f_1}, \ldots, \vec{a}_{f_r}\} \in \operatorname{Im} f$ が成立する。また，基本変形は線形独立性を保存するので，ベクトルの組 G は線形独立である。すべての $\vec{x} \in \mathbb{R}^n$ について，$A\vec{x}$ は

$$A\vec{x} = \sum_{i=1}^{r} x_{f_i} \vec{a}_{f_i} + \sum_{k \notin F} x_k \vec{a}_k$$

と表現できる。型に入らない列番号 $k \notin F$ に対応する列ベクトル $\vec{a}_k$ は，型に対応する列ベクトル $\vec{a}_{f_i}$ の線形結合として表せる。したがって，ベクトル $A\vec{x}$ は G の要素の線形結合として表せる。つまり集合 G は $\mathrm{Im}\, f$ の基底となる。G の要素の数は r すなわち $\mathrm{rank}(A)$ であるため，式 $\mathrm{rank}(A) = \dim(\mathrm{Im}\, f)$ が成り立つ。

例 A.10 例 A.9 において，A を基本変形 $R(2,1,-1)$ により階段行列 $\begin{pmatrix} 1 & 1 \\ 0 & 0 \end{pmatrix}$ にできる。よって $\mathrm{rank}\, A = 1$ である。たしかに $\dim(\mathrm{Im}\, f) = \mathrm{rank}\, A = 1$ となる。

A.7 正規直交基底

線形空間 V の基底の中で，絶対値が 1 であり，そしてお互い直交するようなものを**正規直交基底**とよぶ。数学的には以下の性質を満たすベクトルの集合 $\{\boldsymbol{v}_1, \boldsymbol{v}_2, ..., \boldsymbol{v}_r\}$ を正規直交基底とよぶ。

1) すべての x, y ただし $x \neq y$ に対し，$\boldsymbol{v}_x \cdot \boldsymbol{v}_y = 0$ となる。
2) すべての x に対し，$|\boldsymbol{v}_x| = 1$
3) $\{\boldsymbol{v}_1, \boldsymbol{v}_2, ..., \boldsymbol{v}_r\}$ が基底となる。

例 A.11 2 次元空間の正規直交基底の 1 つは $\{\vec{e}_1, \vec{e}_2\}$ であるが，$\vec{f} = \frac{1}{\sqrt{2}}\begin{pmatrix} 1 \\ 1 \end{pmatrix}, \vec{g} = \frac{1}{\sqrt{2}}\begin{pmatrix} 1 \\ -1 \end{pmatrix}$ としたとき，$\{\vec{f}, \vec{g}\}$ も正規直交基底となる。たしかに $\vec{f} \cdot \vec{g} = 0$ であり，任意の 2 次元ベクトル $\vec{v} = \begin{pmatrix} x \\ y \end{pmatrix}$ は $\vec{v} = \frac{1}{\sqrt{2}}[(x+y)\vec{f} + (x-y)\vec{g}]$ のように $\vec{f}$ と $\vec{g}$ の線形結合として表せる。

線形空間 V の基底 $\{\boldsymbol{v}_1, \boldsymbol{v}_2, ..., \boldsymbol{v}_r\}$ があるとき，以下のような**グラム・シュミットの直交化法**を用いて正規直交基底 $\{\boldsymbol{g}_1, \boldsymbol{g}_2, ..., \boldsymbol{g}_r\}$ を作ることができる。

ステップ 1 $g_1 = v_1/|v_1|$ とする。

ステップ k $(2 \leq k \leq r)$ $g_k = h_k/|h_k|$ ただし $h_k = v_k - \sum_{i=1}^{k-1}(v_k \cdot g_i)g_i$ とする。

一般的には帰納法を用いて証明できるが，ここでは次元が 2 の場合に示す。この場合，$g_1 = v_1/|v_1|$，$h_2 = v_2 - (v_2 \cdot g_1)g_1$，$g_2 = h_2/|h_2|$ となる。まず，g_1, g_2 はともに大きさが 1 である。次に，$h_2 \cdot g_1 = v_2 \cdot g_1 - (v_2 \cdot g_1)g_1 \cdot g_1 = v_2 \cdot g_1 - v_2 \cdot g_1 = 0$ となり，h_2 と g_1 は直交する。ここで $g_2 = h_2/|h_2|$ は h_2 と平行であるから，g_2 と g_1 も直交する。よって示された。

章 末 問 題 ────────────────────

問題 A.1 数列の集合 $S = \{\{a_n\}_{n=1}^3 \mid a_{n+1} = 2a_n + a_{n-1}\}$ の部分集合 $T = \{\{a_n\}_{n=1}^3 \mid a_1 = a_2, a_{n+1} = 2a_n + a_{n-1}\}$ が S 上の部分空間であることを示せ。

問題 A.2 線形空間 V の部分集合 W が V 上の部分空間となる必要十分条件は，以下の 2 つであることを示せ。a) W の任意の要素 x および任意の実数 α について，$\alpha x \in W$ である。b) W の任意の要素 x および y について，$x + 2y \in W$ である。

問題 A.3 行列 $A = \begin{pmatrix} 1 & 2 \\ 2 & 4 \end{pmatrix}$ および 2 次元ベクトル $\vec{x}$ について，線形写像 f を $f(\vec{x}) = A\vec{x}$ で定義する。このとき，この線形写像の像と核を計算せよ。像と核がともに線形空間になっていることを確認せよ。

問題 A.4 行列 $A = \begin{pmatrix} 1 & 1 \\ 0 & 2 \end{pmatrix}$ および 2 次元ベクトル $\vec{x}$ について，線形写像 f を $f(\vec{x}) = A\vec{x}$ で定義する。このとき，この線形写像の像と核を計算せよ。

問題 A.5 2 次元ベクトル $\vec{f} = \begin{pmatrix} 1 \\ 3 \end{pmatrix}, \vec{g} = \begin{pmatrix} 1 \\ -1 \end{pmatrix}$ が与えられたとき，これら 2 つのベクトルにシュミットの直交化法を用いて正規直交基底を作れ。

問題 A.6 集合 $S = \{a\begin{pmatrix} 2 \\ 3 \end{pmatrix} + b\begin{pmatrix} 1 \\ 1 \end{pmatrix} \mid a, b \in \mathbb{R}\}$ が線形空間であることを示せ。

問題 A.7 2 次多項式の集合 $S = \{ax^2 + bx + a \mid a, b \in \mathbb{R}\}$ が線形空間であることを示し，その基底を 1 つ求めよ。

ま と め

ベクトル

- □ n 個の実数を縦に並べたものを **n 次元ベクトル** とよぶ。
- □ 第 i 項の成分が x_i であるような n 次元ベクトル $\vec{x}$ の大きさは $|\vec{x}| = \sqrt{\sum_{i=1}^{n}(x_i)^2}$ で与えられる。
- □ n 次元空間 $\mathbb{R}^n$ 上における **単位ベクトル** $\vec{e}_k (k=1,2,...,n)$ は，k 番目の成分が 1 で，ほかはすべて 0 のベクトルのことである。
- □ 2 つの n 次元ベクトル $\vec{a}, \vec{b}$ および実数 p,q に対し，$p\vec{a}+q\vec{b}$ も n 次元ベクトルであり，その第 i 項は $pa_i + qb_i$ に等しい。
- □ n 次元ベクトル $\vec{a}, \vec{b}$ の **内積** は $\vec{a} \cdot \vec{b} = \sum_{i=1}^{n} a_i b_i$ で与えられる。$\vec{a} \cdot \vec{b} = 0$ のとき $\vec{a}$ と $\vec{b}$ は直交している。
- □ s 個の n 次元ベクトル $\vec{v}_1,...,\vec{v}_s$ の実数倍の和で表せるベクトル $\vec{v} = \sum_{i=1}^{s} a_i \vec{v}_i$ を $\vec{v}_1,...,\vec{v}_s$ の **1 次結合** とよぶ。$\sum_{i=1}^{s} x_i \vec{v}_i = \vec{0}$ となる数 $x_1, x_2, ..., x_s$ がゼロしかないとき，$\vec{v}_1,...,\vec{v}_s$ は **線形独立** であるとよぶ。そうでないときこれらのベクトルは線形従属であるとよぶ。

行 列

- □ 数を縦に m 個，横に n 個並べた表を $m \times n$ 行列とよぶ。行列 A の i 行 j 列目の値を A の (i,j) 成分とよぶ。$n \times n$ 行列を n 次 **正方行列** とよぶ。
- □ $m \times n$ 行列 $A=(a_{ij}), B=(b_{ij})$ および実数 x, y に対し，$xA + yB = (xa_{ij} + yb_{ij})$ となる。
- □ $m \times n$ 行列 A と $n \times p$ 行列 B の積 AB は $m \times p$ 行列となり，その (i,j) 成分は $\sum_{k=1}^{n} a_{ik} b_{kj}$ となる。
- □ 左上と右下を結ぶ対角線上に 1 が並び，ほかにはすべて 0 が並ぶような n 次行列を **単位行列** E_n とよぶ。$m \times n$ 行列 A に対し，$AE_n = E_m A = A$。

- $(AB)C = A(BC)$ かつ $A(B+C) = AB + AC$ が成立する。
- 行列 A の転置行列 $A^\top$ の (i,j) 成分は A の (j,i) 成分と一致する。
- 第 1 基本変形 $P(k,m)$ とは行列の第 k 行と第 m 行を交換すること，第 2 基本変形 $Q(k,b)$ とは行列の第 k 行を b 倍すること，そして第 3 基本変形 $R(k,m,b)$ とは行列の第 k 行に第 m 行の b 倍を加えることである。

行列式と逆行列

- i 行目，j 列目にある数字を行列 A から取り除いてできる行列の行列式と $(-1)^{i+j}$ の積を**余因子** A_{ij} とよぶ。
- n 次行列の行列式は余因子を用いて $|A| = \sum_{k=1}^{n} a_{ik} A_{ik}$ と表現できる。
- n 次行列の行列式を転倒数を用いて表現すると，以下のようになる。

$$|A| = \sum_{p \in S_n} \mathrm{sgn}(p) a_{1p_1} a_{2p_2} ... a_{np_n}$$

- 転置行列の行列式はもとの行列式と同じである。第 1 基本変形は行列式の符号を変える。第 2 基本変形 $Q(k,b)$ により行列式は b 倍になる。第 3 基本変形は行列式の値を変えない。
- n 次正方行列 A について，$AX = XA = E_n$ となる n 次正方行列 X を**逆行列**とよび，A^{-1} と書く。A^{-1} の (i,j) 成分は $A_{ji}/|A|$ で与えられる。
- 係数行列 A の行列式がゼロでないとき，連立方程式 $A\vec{x} = \vec{p}$ の解は $\vec{x} = A^{-1}\vec{p}$ となる。行列 $(A, \vec{p})$ を**拡大係数行列**とよぶ。

階段行列と階数

- 行列 A を基本変形で階段行列にしたときの型の数を A の**階数**とよび，$\mathrm{rank}(A)$ と書く。
- 連立方程式 $A\vec{x} = \vec{p}$ に解がある必要十分条件は $\mathrm{rank}(A) = \mathrm{rank}(A, \vec{p})$ である。
- n 次正方行列 A について，A の列ベクトルが線形独立であること，行列式が 0 にならないこと，階数が n であること，逆行列が存在することはすべて同値である。

まとめ

固 有 値

- ☐ 行列 A に対し，$A\vec{x} = \lambda\vec{x}$ となるような実数 λ および**ゼロ以外**のベクトル $\vec{x}$ があるとき，λ を行列の**固有値**，$\vec{x}$ を**固有ベクトル**とよぶ。
- ☐ 各固有値について少なくとも 1 つの固有ベクトルが存在する。
- ☐ n 次行列 A の固有値を $\alpha_1, ..., \alpha_n$，それに対応する固有ベクトルを左から順に並べた行列を $V = (\vec{v}_1, \vec{v}_2, ..., \vec{v}_n)$，そして固有値を主対角線上に並べた行列を P とすると $A = VPV^{-1}$ となる。この作業を**対角化**とよぶ。
- ☐ 転置をしても成分が変わらないような行列を対称行列とよぶ。対称行列の固有値は実数である。対称行列の異なる固有値に対応する固有ベクトルは直交する。

線形空間

- ☐ 線形空間 V 内に k 個の線形独立な要素があり，V 内のすべての要素はこの k 個の要素の線形結合として表せるとき，これらの要素を V の**基底**という。基底の数 k を V の**次元**といい，$\dim V$ と表す。
- ☐ 集合 W が線形空間 V の部分集合であり，かつ自身が線形空間であるとき，W を V の**部分空間**とよぶ。
- ☐ 線形空間 Z から線形空間 W への写像 f が $f(\alpha\boldsymbol{x} + \beta\boldsymbol{y}) = \alpha f(\boldsymbol{x}) + \beta f(\boldsymbol{y})$ をみたすとき，f を線形写像という。
- ☐ 集合 $\{f(\boldsymbol{x}) \mid \boldsymbol{x} \in Z\}$ を f の**像** $\mathrm{Im}\, f$ そして $\{\boldsymbol{x} \mid f(\boldsymbol{x}) = 0\}$ を f の**核** $\ker f$ とよぶ。
- ☐ 次元が n の線形空間 Z から別の線形空間 W への線形写像を f とする。このとき $\dim(\mathrm{Im}\, f) + \dim(\ker f) = n$ が成立する。

あとがき

　このあとがきでは，本書を読んだ後，線形代数・経済数学をより詳しく学びたい人のために，参考文献などを紹介する．

　まず，本書では線形代数の直感的理解と経済学の有用性の理解を優先するため，一部の項目について，数学的議論を簡略化した．たとえば固有方程式に関しては，その解である固有値はすべて異なっており，行列の対角化がつねに可能であると仮定してきた．固有方程式に重解があり，対角化できない場合ももちろんあるが，対角化に準じた作業であるジョルダン標準形と呼ばれる概念がある．こういった概念も含め，線形代数学をより厳密に説明した中・上級の教科書として，以下の3冊の教科書を挙げたい．

　　斎藤正彦 著『線型代数入門』東京大学出版会，1966
　　飯高 茂 著『線形代数：基礎と応用』朝倉書店，2001
　　足立利明，山岸正和 共著『入門講義線形代数』裳華房，2007

　2冊目の『線形代数：基礎と応用』は本書でふれられなかった線形微分方程式についてもくわしくかかれており，また演習問題が非常に面白い．3冊目の『入門講義線形代数』は，ジョルダン標準形だけでなく，本書で多く用いた階段行列や基本変形の概念についてもより厳密に説明している．

　また，本書では主成分分析の基礎的概念を示したが，実際データが与えられたときの計算や結果の解釈の仕方について詳しく説明した教科書として，以下のものを挙げたい．

　　石村貞夫 著『すぐわかる多変量解析』東京図書，1992
　　杉山髙一・藤越康祝・小椋 透 著『多変量データ解析』朝倉書店，2014

　第11章でふれた自己回帰モデルなどの経済時系列分析をさらに深く勉強したい方には以下の本を読むことをおすすめする．

あとがき

刈屋武昭，前川功一，矢島美寛，福地純一郎，川﨑能典 編『経済時系列ハンドブック』朝倉書店，2012

次に，産業連関表について，日本でその作成を行っている総務省統計局がウェブ上でより詳しい仕組みを解説している。そのアドレスは以下のとおりである。

http://www.soumu.go.jp/toukei_toukatsu/data/io/index.htm

ちなみにアドレスにある io とは産業連関表の英語 input-output table から来ている。また，投入係数行列の持つ性質などを詳しく分析した本として以下のものを挙げたい。

武隈愼一 著『ミクロ経済学 増補版』新世社，1999

次に，本書の最後の章では，経済学の最適化理論への応用を取り上げたが，おもな議論は2変数関数の最適化に限られていた。一般的な最適化問題の解き方について，線形代数および解析学の知識を用いて詳しく解説したものとして，以下の本を挙げたい。この本では，非正定値という概念と，関数の形状（凹凸）が関わっていることなどを詳しく説明している。

伊藤幹夫・戸瀬信之 著『経済学とファイナンスのための基礎数学』共立出版，2008

第10章で主成分分析について学んだが，アメリカの中央銀行の1つであるシカゴ連邦準備銀行は，80以上の経済時系列データを主成分に基づいてまとめ，全米経済活動指数（Chicago Fed National Activity Index，通称 CFNAI）としてウェブサイト

https://www.chicagofed.org/

にて公開している。

これらの本や資料を通じて，読者の皆さんが線形代数の面白さをより深く感じてもらえることを期待している。

索　引

ア　行

$\mathbb{R}$　1

1次結合　16
1次変換　50
位置ベクトル　25

n元連立方程式　73
n次行列　39
n次元空間　13
$m \times n$行列　37

大きさ　14

カ　行

階数　93
階段行列　88
価格ベクトル　32
核　145
拡大係数行列　73
拡大変換　51
角度　26
型　88
要　83
加法定理　52
基本変形　48
　——の可逆性　49
逆行列　70
共役複素数　102

行列　37
　——のサイズ　37
　——の成分　37
行列式　56, 57
極限値　7
極値　129
虚数　102
虚数単位　102

空集合　1
グラム・シュミットの直交化法　148
クラーメルの公式　75

経済動学モデル　114
係数行列　73
ケーリー・ハミルトンの定理　110

恒等変換　51
勾配　129
コーシー・シュワルツの不等式　17
固有多項式　105
固有値　105
固有ベクトル　105
固有方程式　105

サ　行

産業連関表　76

次元定理　146

次数　13
指数法則　5
実数　1
実ベクトル　104
始点　24
写像　144
集合　1
終点　24
十分条件　2
主対角成分　39
主対角線　39
状態変数　114
初期保有ベクトル　33

数学的帰納法　3
数量ベクトル　32
数列　2

正規直交基底　148
制御変数　114
正射影ベクトル　27
斉次連立方程式　100
正則　71
成分　13
正方行列　38
接線　8
絶対値　102
ゼロ行列　38
ゼロ元　138
ゼロベクトル　18
線形空間　138
線形結合　16
線形写像　145

索　引

線形従属　20
線形独立　20

像　145

タ　行

第1基本変形　48
第1主成分　125
対角化　108
対角行列　39
対偶　2
第k単位ベクトル　19
第3基本変形　48
第j列ベクトル　39
対称行列　118
代数学の基本定理　104
第2基本変形　48
単位行列　43
単位ベクトル　19
単調減少関数　9
単調増加関数　9

置換　60
超過需要ベクトル　33
直交　16
直交行列　47

定常状態　114
定数ベクトル　73

展開　68
転置行列　46
転倒数　60

同値　2
投入係数　78
投入係数行列　78
トレース　39

ナ　行

内積　16
内分　28

2階微分行列　129
2階偏微分　129

ハ　行

背理法　4

非正定値　121
必要条件　2
微分係数　8

複素数　102
複素数ベクトル　104
複素内積　117
不決定性　115
部分空間　143

部分集合　1
部分数列　3
分散共分散行列　125
分離可能　10

ベクトル　13, 138
偏微分　10

法線ベクトル　30

マ　行

未知数ベクトル　73

ヤ　行

有向線分　23

余因子　56
余因子行列　69
余弦定理　6

ラ　行

ラグランジアン　135
ラグランジュ乗数　135

列ベクトル表記　39
連立方程式の行列表示　73

著者略歴

平口良司(ひらぐちりょうじ)

1977年　神奈川県に生まれる
2008年　スタンフォード大学大学院博士課程修了
現　在　千葉大学法政経学部准教授
　　　　キヤノングローバル戦略研究所主任研究員
　　　　PhD（経済学）

経済学のための線形代数　　　　　定価はカバーに表示

2017年3月15日　初版第1刷

著者　平　口　良　司
発行者　朝　倉　誠　造
発行所　株式会社　朝　倉　書　店
　　　　東京都新宿区新小川町6-29
　　　　郵便番号　162-8707
　　　　電話　03(3260)0141
　　　　FAX　03(3260)0180
　　　　http://www.asakura.co.jp

〈検印省略〉

©2017〈無断複写・転載を禁ず〉　　中央印刷・渡辺製本

ISBN 978-4-254-11148-4　C 3041　　Printed in Japan

JCOPY　＜(社)出版者著作権管理機構　委託出版物＞

本書の無断複写は著作権法上での例外を除き禁じられています．複写される場合は，そのつど事前に，(社)出版者著作権管理機構（電話 03-3513-6969，FAX 03-3513-6979，e-mail: info@jcopy.or.jp）の許諾を得てください．

J.R.ショット著　早大 豊田秀樹編訳

統計学のための 線 形 代 数

12187-2 C3041　　　　A 5 判 576頁 本体8800円

"Matrix Analysis for Statistics (2nd ed)"の全訳。初歩的な演算から順次高度なテーマへ導く。原著の演習問題(500題余)に略解を与え,学部上級～大学院テキストに最適。〔内容〕基礎／固有値／一般逆行列／特別な行列／行列の微分／他

前広大 前川功一著　広経大 得津康義・
別府大 河合研一著

経済・経営系のための よくわかる統計学

12197-1 C3041　　　　A 5 判 176頁 本体2400円

経済系向けに書かれた統計学の入門書。数式だけでは納得しにくい統計理論を模擬実験による具体例でわかりやすく解説。〔内容〕データの整理／確率／正規分布／推定と検定／相関係数と回帰係数／時系列分析／確率・統計の応用

日大 清水千弘著

市場分析のための 統 計 学 入 門

12215-2 C3041　　　　A 5 判 160頁 本体2500円

住宅価格や物価指数の例を用いて,経済と市場を読み解くための統計学の基礎をやさしく学ぶ。〔内容〕統計分析とデータ／経済市場の変動を捉える／経済指標のばらつきを知る／相関関係を測定する／因果関係を測定する／回帰分析の実際／他

明大 国友直人著
統計解析スタンダード

応用をめざす 数 理 統 計 学

12851-2 C3341　　　　A 5 判 232頁 本体3500円

数理統計学の基礎を体系的に解説。理論と応用の橋渡しをめざす。「確率空間と確率分布」「数理統計の基礎」「数理統計の展開」の三部構成のもと,確率論,統計理論,応用局面での理論的・手法的トピックを丁寧に講じる。演習問題付。

T.S.ラオ・S.S.ラオ・C.R.ラオ編
情報・システム研究機構 北川源四郎・学習院大 田中勝人・
統数研 川﨑能典監訳

時系列分析ハンドブック

12211-4 C3041　　　　A 5 判 788頁 本体18000円

T.S.Raoほか編"Time Series Analysis : Methods and Applications"(Handbook of Statistics 30, Elsevier)の全訳。時系列分析の様々な理論的側面を23の章によりレビューするハンドブック。〔内容〕ブートストラップ法／線形性検定／非線形時系列／マルコフスイッチング／頑健推定／関数時系列／共分散行列推定／分位点回帰／生物統計への応用／計数時系列／非定常時系列／時空間時系列／連続時間時系列／スペクトル法／ウェーブレット法／Rによる時系列分析／他

J.ゲウェイク・G.クープ・H.ヴァン・ダイク著
東北大 照井伸彦監訳

ベイズ計量経済学ハンドブック

29019-6 C3050　　　　A 5 判 564頁 本体12000円

いまやベイズ計量経済学は,計量経済理論だけでなく実証分析にまで広範に拡大しており,本書は教科書で身に付けた知識を研究領域に適用しようとするとき役立つよう企図されたもの。〔内容〕処理選択のベイズ的諸側面／交換可能性,表現定理、主観性／時系列状態空間モデル／柔軟なノンパラメトリックモデル／シミュレーションとMCMC／ミクロ経済におけるベイズ分析法／ベイズマクロ計量経済学／マーケティングにおけるベイズ分析法／ファイナンスにおける分析法

前京大 刈屋武昭・前広大 前川功一・前東大 矢島美寛・
学習院大 福地純一郎・統数研 川﨑能典編

経済時系列分析ハンドブック

29015-8 C3050　　　　A 5 判 788頁 本体18000円

経済分析の最前線に立つ実務家・研究者へ向けて主要な時系列分析手法を俯瞰。実データへの適用を重視した実践志向のハンドブック。〔内容〕時系列分析基礎(確率過程・ARIMA・VAR他)／回帰分析基礎／シミュレーション／金融経済財務データ(季節調整他)／ベイズ統計とMCMC／資産収益率モデル(酔歩・高頻度データ他)／資産価格モデル／リスクマネジメント／ミクロ時系列分析(マーケティング・環境・パネルデータ)／マクロ時系列分析(景気・為替他)／他

上記価格(税別)は 2017 年 2 月現在